P. Y. Windisch

Survival-Kit Chemie

Paul Yannick Windisch

Survival-Kit Chemie

1. Auflage

ELSEVIER
URBAN & FISCHER

URBAN & FISCHER München

Zuschriften an:
Elsevier GmbH, Urban & Fischer Verlag, Hackerbrücke 6, 80335 München
E-Mail medizinstudium@elsevier.com

Wichtiger Hinweis für den Benutzer

Die Erkenntnisse in der Medizin unterliegen laufendem Wandel durch Forschung und klinische Erfahrungen. Herausgeber und Autoren dieses Werkes haben große Sorgfalt darauf verwendet, dass die in diesem Werk gemachten therapeutischen Angaben (insbesondere hinsichtlich Indikation, Dosierung und unerwünschter Wirkungen) dem derzeitigen Wissensstand entsprechen. Das entbindet den Nutzer dieses Werkes aber nicht von der Verpflichtung, anhand weiterer schriftlicher Informationsquellen zu überprüfen, ob die dort gemachten Angaben von denen in diesem Werk abweichen und seine Verordnung in eigener Verantwortung zu treffen.

Für die Vollständigkeit und Auswahl der aufgeführten Medikamente übernimmt der Verlag keine Gewähr.

Geschützte Warennamen (Warenzeichen) werden in der Regel besonders kenntlich gemacht (®). Aus dem Fehlen eines solchen Hinweises kann jedoch nicht automatisch geschlossen werden, dass es sich um einen freien Warennamen handelt.

Bibliografische Information der Deutschen Nationalbibliothek

Die Deutsche Nationalbibliothek verzeichnet diese Publikation in der Deutschen Nationalbibliografie; detaillierte bibliografische Daten sind im Internet über http://www.d-nb.de/ abrufbar.

1. Auflage 2015

Der Urban & Fischer Verlag ist ein Imprint der Elsevier GmbH.

15 16 17 18 19 5 4 3 2 1

Um den Textfluss nicht zu stören, wurde bei Patienten und Berufsbezeichnungen die grammatikalisch maskuline Form gewählt. Selbstverständlich sind in diesen Fällen immer Frauen und Männer gemeint.

Planung: Benjamin Rempe, München
Lektorat: Bettina Lunk, München
Redaktion: Dr. Wolfgang Zettlmeier, Barbingen
Herstellung: Cornelia von Saint Paul, München
Satz: abavo GmbH, Buchloe/Deutschland; TnQ, Chennai/Indien
Druck und Bindung: Printer Trento, Trento/Italien
Zeichnungen: Dr. Wolfgang Zettlmeier, Barbingen
Umschlaggestaltung: SpieszDesign, Neu-Ulm

ISBN Print 978-3-437-41103-8
ISBN e-Book 978-3-437-29879-0

Aktuelle Informationen finden Sie im Internet unter **www.elsevier.de** und **www.elsevier.com**

Vorwort

Das Auswendiglernen von viel Stoff in kurzer Zeit ist wohl eine der größten Herausforderungen des Medizinstudiums. Besonders unangenehm wird es für Studenten vor allem dann, wenn man sich in einem Fach, das man schon in der Schule nicht unbedingt mochte, dieser Herausforderung stellen muss. Bei anderen Studenten liegt die Schulzeit vielleicht auch schon länger zurück und wieder andere haben die Chemie so schnell es nur ging aus ihrem Stundenplan verbannt.

Die Schwierigkeiten in diesem Fach reichen von der Frage nach der richtigen Stoffauswahl, über Professoren, die glauben, sie hätten es mit angehenden Chemikern zu tun, bis hin zu Lehrbüchern die kein wirkliches Verständnis des Stoffes vermitteln.

Dieses Buch soll euch vermitteln, dass man mit gesundem Menschenverstand in der Chemie weiterkommt, als man zu Beginn seines Studiums glaubt. Es soll euch mit Eselsbrücken und klaren Klausurtipps helfen den Lernaufwand zu reduzieren, Fragen beantworten, sie man im Seminar lieber nicht stellen möchte und letztendlich zeigen, dass der Weg zur Wunschnote nicht über das dickste Lehrbuch und Unmengen von Fakten sondern über grundlegendes Verständnis führt.

Egal ob ihr nur die Klausur bestehen wollt (4 gewinnt!) oder auf die Maximalpunktzahl abzielt – eine zielgerichtete Vorbereitung, die das Wichtigste klar hervorhebt, verbessert eure Erfolgschancen immens.

Mein besonderer Dank gilt dem Bereich Medizinstudium des Elsevier Verlages, vor allem Herrn Rempe und Frau Lunk. Außerdem haben die fachlichen Hinweise von Herrn Dr. Zettlmeier das Buch sehr vorangebracht.

Ich wünsche euch viel Erfolg in eurem Studium besonders bei der Vorbereitung auf Klausuren und Physikum und freue mich auf eure Rückmeldungen!

Heidelberg, Dezember 2014
Paul Y. Windisch

Benutzerhinweise

LERNTIPP
Insider-Know-How von Studenten für Studenten: in den gelben Kästen findest Du Eselsbrücken, Merkhilfen, Tipps und Tricks. So bist Du in Prüfungen bestens gewappnet!

FÜR DIE KLAUSUR
In den blauen Kästen findest Du Hinweise, Tipps und Tricks wie das jeweilige Thema in den Klausuren abgefragt wird und beantwortet werden kann!

FÜR AHNUNGSLOSE
Die grünen Kästen markieren Übungsfragen samt Lösungsstrategien zum chemischen Grundwissen. Das absolute Minimum dessen, was Du wissen musst!

MERKE
Praktische Merksätze und Definitionen, die das Basiswissen in Kürze zusammenfassen und logische Zusammenhänge herstellen sind in rot hervorgehoben!

! ACHTUNG
Hinweise auf Fußangeln, Verwechslungsgefahren oder Besonderheiten in leuchtendem Orange.

Zum Autor

Paul Yannick Windisch
Hilzweg 32
69121 Heidelberg

Paul Yannick Windisch studiert seit 2012 als Stipendiat Humanmedizin an der Ruprecht-Karls-Universität in Heidelberg. Er leitet Tutorien und Lerngruppen und kennt so nicht nur aus eigener Erfahrung die „Pain Points“ der Studenten aus erster Hand und weiß, wie man sie in den Griff bekommt!

Inhaltsverzeichnis

KAPITEL

1 Grundlagen des Atombaus

Alle Materie besteht aus Atomen, von denen man früher dachte, dass sie unteilbar wären. Da dem allerdings nicht so ist, müsst ihr die drei Bestandteile eines Atoms kennen: das **Proton,** das **Neutron** und das **Elektron.** Obwohl es natürlich auch kleinere Elementarteilchen gibt, sind diese für dieses Buch (und das Physikum) nicht relevant.

1.1 Eigenschaften von Protonen, Elektronen und Neutronen

1.1.1 Masse

Wenn man nach der Masse eines derart kleinen Teilchens fragt, ist es normalerweise sinnlos, das Ergebnis in Gramm oder Kilogramm anzugeben, da dieses so klein sein würde, dass man sich darunter wenig vorstellen kann und es schwer sein wird, Teilchen untereinander zu vergleichen. Man nutzt deshalb einen Trick, der sich in den Naturwissenschaften großer Beliebtheit erfreut: Man gibt die Größe, um die es geht, in Relation zu einer bekannten Größe an (dies nennt man **relative Größe**).

Wenn man z. B. sagt, dass ein Passagierflugzeug beim Start ein Gewicht von bis zu 569.000 kg hat, würde man automatisch Bezugsgrößen suchen, um diese Zahl einordnen zu können (500 Kleinwagen, 150 Elefanten etc.).

FÜR AHNUNGSLOSE

Wie war das noch mal mit Gewicht und Masse? Ein Körper hat überall die gleiche **Masse,** egal ob auf der Erde, dem Mond oder sonst irgendwo im Weltall! Im Unterschied dazu variiert das **Gewicht,** je nachdem, wo man sich befindet (es handelt sich nämlich um die Kraft, die ein Feld, wie etwa das der Erde, auf den Körper ausübt). Die Einheit der **Masse** ist dabei **kg, g** etc., die des Gewichts bzw. der Gewichtskraft **Newton (N).**

Wenn ihr also ein „Gewicht" in Kilogramm angebt, ist das streng genommen nicht korrekt. Mehr zu diesem Thema findet ihr in Lehrbüchern der Physik.

Die **relative Atommasse** funktioniert nach dem gleichen Prinzip. In Bezug auf welche Größe sie definiert ist, könnt ihr in umfangreicheren Lehrbüchern nachlesen ($\frac{1}{12}$ der Masse eines Kohlenstoffatoms). Es ist aber nicht essenziell für den weiteren Verlauf dieses Buches. Da sie relativ zu einer anderen Größe ist, wird keine Einheit benötigt (man spricht von einer **dimensionslosen Größe**). Selbstverständlich kann die Masse eines Atoms auch als **absolute Größe** angegeben werden und hat dann eine Einheit wie etwa

Gramm oder Kilogramm. Es gibt zudem eine Einheit, die ebenfalls im Bezug zu $\frac{1}{12}$ der Masse eines Kohlenstoffatoms definiert ist, nämlich das u oder **Dalton.**

Ihr solltet auf jeden Fall wissen, dass ein **Proton und ein Neutron beide die relative Atommasse von etwa 1** haben, während **die Masse eines Elektrons deutlich kleiner** ist (nur ein Zweitausendstel davon).

FÜR DIE KLAUSUR

Viele Studenten fragen sich, wie genau sie Zahlenwerte im Medizinstudium auswendig lernen müssen. Eine pauschale Aussage darüber ist natürlich schwierig. Allerdings solltet ihr bedenken, dass gerade viele „kleine" Zahlen, also etwa im zellulären Bereich, kontinuierlichen Diskussionen unterworfen sind, sodass es häufig sinnvoll ist, nur eine ungefähre Einordnung vornehmen zu können. Außerdem muss man im Physikum Rechenaufgaben ohne Taschenrechner bewältigen und hat keine Zeit für gigantische Nebenrechnungen! Angaben, die ihr unbedingt kennen müsst, werden natürlich in diesem Buch hervorgehoben. Für die Klausuren an der eigenen Universität ist es immer hilfreich, Studenten aus höheren Semestern zu fragen!

1.1.2 Ladung

Grundsätzlich müsst ihr wissen, dass Protonen positiv (+), Neutronen neutral und Elektronen negativ (–) geladen sind.

Die Größe der Ladung ist allerdings auch hier wieder problematisch. Die Einheit der Ladung ist eigentlich **Coulomb (C).** Da die Ladung eines einzelnen Protons extrem klein ist, hätte man hier wieder das gleiche Problem wie schon bei den Massen. Man nutzt also den gleichen Trick und verwendet **relative Ladungen.** Ein **Proton** hat hier die Ladung **+1** und ein **Elektron** die Ladung **–1.** Man erkennt: Die Ladung von Elektron und Proton ist „gleich groß", hat allerdings **unterschiedliche Vorzeichen. Folglich ziehen sich Elektronen und Protonen an,** während sie Neutronen weder abstoßen noch anziehen.

FÜR AHNUNGSLOSE

Was ist Ladung? Den Begriff Ladung kennt ihr aus dem Alltag. Tatsache ist, dass man Ladung schwer beschreiben kann. Man weiß allerdings:

1. Ladung ist eine Eigenschaft eines Körpers.
2. Es gibt zwei „Arten" (man nennt sie **positiv und negativ**).
3. Ladungen können unterschiedlich groß sein (z. B. –3 oder –7).
4. Geladene Körper üben Kräfte aufeinander aus (**gleichnamige Ladungen stoßen sich ab, ungleichnamige ziehen sich an**).

1.2 Grundlagen zum Atom

Um eure Fantasie nicht zu sehr zu beanspruchen, stellt ihr euch das Atom am besten als Kugel vor. Allerdings ist diese **nicht gleichmäßig von Masse erfüllt,** sondern hat einen Kern und eine Hülle. Im Kern sitzen Protonen und Neutronen. Sie werden deshalb auch **Nukleonen,** also Kernteilchen, genannt. Da die Masse eines Protons bzw. eines Neutrons wesentlich größer ist als die eines Elektrons, ergibt sich daraus, dass sich **fast die gesamte Masse eines Atoms in seinem Kern konzentriert.** Da die Protonen positiv geladen und die Neutronen elektrisch neutral sind, ist der **Kern insgesamt positiv geladen.**

In der Hülle befinden sich die Elektronen. Die Elektronenhülle ist im Vergleich zum Kern riesig, während die Elektronen nur verschwindend klein/von geringer Masse sind. Daher ist die Hülle „fast leer". Sie ist wegen der Elektronen negativ geladen, was erklärt, warum Hülle und Kern sich nicht (freiwillig) voneinander trennen (➤ Abb. 1.1).

Bei einem Atom **entspricht die Zahl der Elektronen normalerweise der der Protonen.** Das **Atom** insgesamt ist **also elektrisch neutral.** Hat das Atom aber aus irgendwelchen Gründen ein Elektron weniger, gibt es eine positive Ladung mehr als negative, sodass nun eine Nettoladung von +1 vorliegt. Man spricht in diesem Fall von einem **geladenen Teilchen,** einem **Ion.**

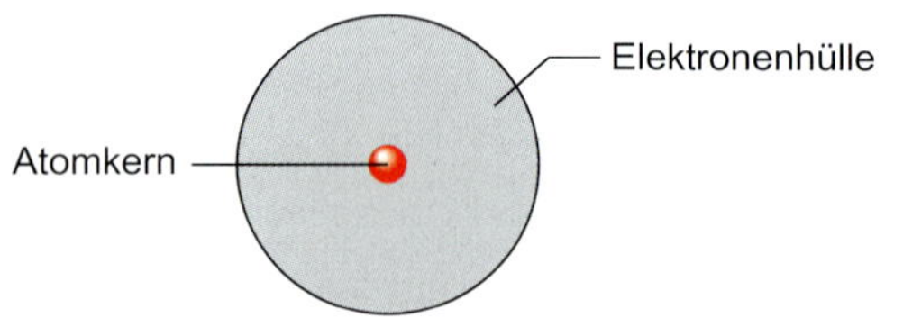

Abb. 1.1 Vereinfachtes Atom

Man kann also für ein Atom die Zahl der Protonen im Kern angeben. Diese entspricht auch der **Ladung des Kerns** (ein Proton hat die Ladung +1) und auch der sogenannten **Ordnungszahl.** Die Anzahl der Protonen bestimmt nämlich, um was für eine Art Atom **(Element)** es sich handelt. So haben z. B. Sauerstoffatome immer 8 Protonen im Kern. Dabei ist es egal, ob sie Elektronen dazubekommen oder etwa Neutronen abgeben, wichtig sind nur die Protonen. Da man nach diesem Kriterium die Atome im **Periodensystem der Elemente** anordnet, ist die Bezeichnung Ordnungszahl naheliegend, aber dazu später mehr.

Die **Massenzahl** eines Atoms berechnet sich aus der **Anzahl von Neutronen und Protonen** (die Elektronen werden, da sie so leicht sind, ignoriert). In der geläufigsten Darstellungsform findet ihr immer Ordnungs- und Massenzahl an einem Elementsymbol (➤ Abb. 1.2).

LERNTIPP

Wenn man sich unsicher ist, welche der Zahlen die Massenzahl und welche die Ordnungszahl ist (die MZ steht in der Regel oben), dann muss man nur bedenken, dass die Massenzahl nie kleiner als die Kernladungszahl sein kann, da für die Massenzahl noch die Anzahl der Neutronen zu der der Protonen **addiert** wird.

Wie bereits erwähnt, kann ein Element auch über eine unterschiedliche Anzahl an Neutronen verfügen. So gibt es z. B. Kohlenstoffatome mit 6 Neutronen, aber auch mit 8 Neutronen. Diese Atome **mit unterschiedlicher Neutronenzahl, aber identischer Protonenzahl,** bezeichnet man als **Isotope.** Die wichtigsten solltet ihr kennen:

$$\text{Tritium } ^{3}\text{H},\ ^{14}\text{C},\ ^{32}\text{P},\ ^{123}\text{I},\ ^{133}\text{I}$$

Von den meisten Elementen gibt es viele natürlich vorkommende Isotope. Man bezeichnet sie auch als **Mischelemente.** Dies erklärt, warum im Periodensystem bei vielen Elementen die relative Atommasse eine Dezimalzahl ist. Man betrachtet die Masse der verschiedenen Isotope und gewichtet diese in Abhängigkeit von der relativen Häufigkeit, mit der sie in der Natur vorkommen. Bei dem angegebenen Wert handelt es sich also nur um einen Durchschnittswert, wobei es sein kann, dass gar keins der Isotope die im Periodensystem angegebene Masse besitzt. Ist dies allerdings nicht der Fall, spricht man von **Reinelementen** oder bezeichnet sie als **isotopenrein.**

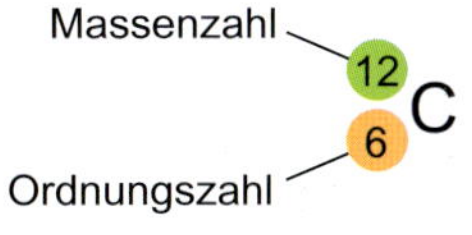

Abb. 1.2 Ordnungs- und Massezahl beim Kohlenstoff

FÜR DIE KLAUSUR

Begriffe wie Isotop, Element etc. müsst ihr sicher definieren können, da man oftmals durch Falschantworten versuchen wird, euch zu verwirren. Zudem solltet ihr euch die unterschiedlichen „Zahlen" herleiten können.
Wenn z. B. gesagt wird, dass ein Calcium-Ion zweifach positiv geladen ist (Ca^{2+}), die Ordnungszahl 20 und die Massenzahl 40 hat, muss klar sein:
Die Ordnungszahl entspricht der Protonenzahl und der Kernladungszahl (beide 20). Die Massenzahl ist die Summe aus Protonen- und Neutronenzahl, also ist die Neutronenzahl ebenfalls 20 (40–20). Da das gesamte Teilchen zweifach positiv geladen ist, muss es 2 Protonen mehr als Elektronen geben. Folglich ist die Elektronenzahl 18 (20–2).

1.3 Die Elektronenhülle

Die meisten von euch haben vermutlich schon einmal vom **Orbitalmodell** gehört, das benutzt wird, um die Position von Elektronen in der Hülle eines Atoms zu beschreiben. Um die für euch wichtigen Zusammenhänge herleiten zu können, ist es allerdings bereits ausreichend, sich mit einer stark vereinfachten Form zu befassen, die zwar dem Physiker Tränen in die Augen treibt, aber dem Mediziner zum Bestehen der Klausur verhilft:

Die Elektronen in der Hülle eines Atoms kreisen auf **Schalen** um den Kern (➤ Abb. 1.3). Es sollte nachvollziehbar sein, dass die Elektronen einen bestimmten **Energiegehalt** haben müssen, um nicht „in den Kern zu stürzen" (da sich positive und negative Ladungen anziehen).

Welche Elektronen haben also die größte Energie? Die, die ihre Bahnen mit der größten Distanz zum

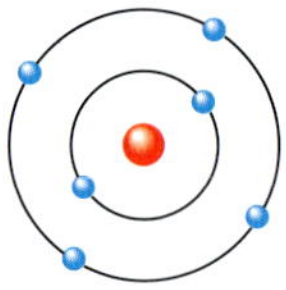

Abb. 1.3 Schalenmodell des Kohlenstoffatoms

Kern ziehen (also weiter außen liegen), da die Anziehungskräfte offensichtlich nicht groß genug sind, um sie näher an den Kern zu ziehen!

Die Schalen werden deshalb vom Kern ausgehend entweder mit Buchstaben benannt (K, L, M, N, O etc.) oder durchnummeriert (1, 2, 3, 4 etc.). Gewinnt ein Elektron aus irgendeinem Grund an Energie, kann es seine Bahn verändern und nun etwa näher an einer energiereicheren Schale verlaufen. Man bezeichnet ein solches Elektron als **angeregt,** wobei bei der Rückkehr in den **Grundzustand** ein bestimmter Betrag an Energie frei wird.

Da alle Elektronen negativ geladen sind, stoßen sich mehrere Elektronen prinzipiell ab, somit kann eine Schale nicht mit unendlich vielen Elektronen besetzt werden. Man erhält die Anzahl der Elektronen, die maximal auf einer Schale sitzen können, indem man die **Nummer der Schale erst mit sich selbst und dann mit zwei multipliziert (2*n*2).**

FÜR AHNUNGSLOSE

Eine kleine Gedankenstütze: Man sieht den inneren Schalen bereits an, dass sie, da sie vergleichsweise klein sind, weniger Elektronen aufnehmen können.
Die **kleinste** Schale heißt passenderweise **K**-Schale. Danach geht es alphabetisch weiter.

1.4 Übungen

1. In einem Atom gilt in der Regel:
   a. Protonenzahl = Massenzahl
   b. Massenzahl = Neutronenzahl + Protonenzahl
   c. Nukleonenzahl = Neutronenzahl + Elektronenzahl
   d. Elektronenzahl = Neutronenzahl
   e. Ordnungszahl = Neutronenzahl + Protonenzahl
2. Welche Aussage trifft nicht zu?
   a. Elektronen sind negativ geladen.
   b. Die Masse eines Atoms konzentriert sich im Kern.
   c. Der Durchmesser eines Atoms wird in u gemessen.
   d. Der Kern eines Atoms ist positiv geladen.
   e. Die Kernladungszahl entspricht der Ordnungszahl.
3. Vervollständige:

Symbol	$^{59}Co^{3+}$	Se	Os^{2+}	Hg^{2+}
Protonenzahl	27	34	76	80
Neutronenzahl		46	116	120
Elektronenzahl	24	36	74	78
Ladung	3+	2−	2+	2+

KAPITEL

2 Periodensystem und Orbitalmodell

Um die unterschiedlichen Elemente systematisch betrachten zu können, ist es hilfreich, sie zu gruppieren. Diese Systematik ist im **Periodensystem der Elemente (PSE)** verwirklicht.

2.1 Prinzipien der Ordnung

Grundsätzlich sind die Elemente nach aufsteigender Ordnungszahl geordnet. Um aber den genauen Aufbau zu verstehen, muss man wissen, dass vor allem die **Valenzelektronen** (die Elektronen, die bei einem Atom auf der äußersten Schale liegen) die chemischen Eigenschaften des Elements bestimmen. In einer **Gruppe** des PSE (Spalte, von oben nach unten) haben alle Elemente die **gleiche Anzahl an Valenzelektronen** und zeigen somit ein **ähnliches Verhalten** (man gibt Gruppen deshalb zusätzlich zu ihrer Nummer auch noch Namen, z. B. Gruppe 8 – die Edelgase).

Da die Protonenzahl der Elektronenzahl entspricht, hat z. B. Kohlenstoff (OZ: 6) auch ein Elektron mehr als Bor (OZ: 5). Wo kommt dieses zusätzliche Elektron hin? Grundsätzlich werden die Schalen **von innen nach außen** mit Elektronen besetzt. Sobald eine Schale vollständig ist (Wie lässt sich noch gleich die maximale Anzahl berechnen?), wird die nächste gefüllt. Allerdings gibt es auch Elemente, bei denen dies nicht zutrifft. So wird z. B. die dritte Schale erst vollständig besetzt, nachdem bereits zwei Elektronen in der vierten Schale platziert wurden. Elemente, bei denen nicht die äußerste Schale besetzt wird, bezeichnet man als **Nebengruppenelemente.** Sie haben alle **zwei Valenzelektronen** und werden euch vor allem als Spurenelemente im menschlichen Körper begegnen.

Bei den **Hauptgruppen entspricht die Zahl der Valenzelektronen der Nummer der Gruppe.** Man sieht bereits: **Ein Element strebt in der Regel nach acht Valenzelektronen.**

Die Zeilen von rechts nach links bezeichnet man als **Periode.** Innerhalb einer Periode **verändern sich die chemischen Eigenschaften,** da sich die Zahl der Valenzelektronen ändert. Die Elemente einer Periode besitzen alle die **gleiche Anzahl an Schalen.** So haben die Elemente der vierten Periode alle vier Schalen.

FÜR DIE KLAUSUR

Es bietet sich in der Regel nicht an, diese Inhalte gezielt abzufragen, allerdings sind sie als Grundlage essenziell. Also lohnt sich gründliches Lesen. In diesem Sinne könnt ihr mal ins Periodensystem schauen und überlegen:
- Wie viele Valenzelektronen hat Sauerstoff?
- Welche Elemente haben die meisten Valenzelektronen?
- Warum befinden sich in der ersten Periode nur zwei Elemente?

FÜR AHNUNGSLOSE

Sauerstoff befindet sich in der sechsten Hauptgruppe, hat also sechs Valenzelektronen. Könnte er also zwei Elektronen „aufnehmen", hätte es Edelgaskonfiguration. Selbstverständlich ist das Streben nach Edelgaskonfiguration kein bewusster Vorgang, sondern beruht auf den physikalischen Gesetzmäßigkeiten, denen die Atome unterworfen sind!

2.2 Oktettregel

Warum streben Elemente nach 8 Valenzelektronen? Weil ein Atom mit 8 Valenzelektronen sich in einem Zustand befindet, der energetisch sehr günstig ist. Da ein Atom immer bestrebt ist einen energetisch günstigen Zustand zu erreichen, ist es nun stabil und reagiert nicht weiter. Daraus ergibt sich zudem, dass die Elemente der 8. Hauptgruppe, die Edelgase, äußerst reaktionsträge sind.

Das Bestreben, 8 Valenzelektronen zu bekommen, also **Edelgaskonfiguration** zu erreichen, bestimmt dabei auch das Verhalten eines Stoffes in chemischen Reaktionen. So werden die Elemente der 6. und 7. Hauptgruppe **versuchen, zwei bzw. ein Elektron für sich zu beanspruchen,** um Edelgaskonfiguration zu erreichen. Da es für die Elemente der 1. und 2. Hauptgruppe und der Nebengruppen (alles was links im PSE steht) zu schwer wäre bis zu sieben Elektronen aufzunehmen, verfolgen diese eine andere Strategie: Sie **geben alle Elektronen ihrer äußeren Schale ab,** sodass die nächst-innere nun zur äußersten Schale wird. Da diese in der Regel mit acht Elektronen besetzt ist, ist nun Edelgaskonfiguration erreicht. Dies gilt allerdings nicht für Lithium oder Wasserstoff (OZ: 1 bzw. 3), sie streben nach der Edelgaskonfiguration des Helium, also zwei Elektronen auf der innersten (und dann auch einzigen) Schale.

Alle Elemente ab der 3. Periode können als Bestandteil chemischer Verbindungen sogar **mehr als 8 Valenzelektronen** für sich beanspruchen, man spricht von einer sogenannten **Oktettaufweitung ab der 3. Periode.**

2.3 Atomradien

FÜR AHNUNGSLOSE

Der Atomradius bezeichnet die Distanz vom Kern eines Atoms bis zu einem beliebigen, möglichst weit entfernten Punkt in seiner Hülle.

Wie verhalten sich die Atomradien im Periodensystem? Man sollte meinen, dass die Atomradien mit zunehmender Masse des Atoms (also auch mit steigender Ordnungszahl) zunehmen. Dies ist aber nicht zwingend der Fall. Grundsätzlich sind Atome einer Periode größer als die der vorhergehenden und kleiner als die der nachfolgenden, einfach weil die hinzukommende Schale „mehr Platz braucht". Somit nehmen die **Atomradien** im PSE **von oben nach unten zu.** Innerhalb einer Periode sieht die Sache anders aus: Da keine zusätzlichen Schalen besetzt werden, aber die Anzahl der negativen Ladungen (Elektronen) sowie die der positiven Ladungen (Protonen) zunimmt, werden die Elektronen aufgrund der stärkeren elektrostatischen Anziehungskräfte näher zum Kern gezogen. Dies äußert sich in einer **Abnahme der Atomradien innerhalb einer Periode (von links nach rechts).**

2.4 Elektronegativität

Elektronegativität (➤ Abb. 2.1) ist das Vermögen eines Atoms, Elektronen (auch die benachbarter Atome) an sich zu ziehen. Euch sollte klar sein, dass die Atome eines Elements, das weit rechts im PSE steht, Elektronen stark an sich ziehen, um Edelgaskonfiguration erreichen zu können, während die auf

H 2,2						
Li 1,0	Be 1,6	B 2,0	C 2,6	N 3,0	O 3,4	F 4,0
Na 0,9	Mg 1,3	Al 1,6	Si 1,9	P 2,2	S 2,6	Cl 3,2
K 0,8			Ge 2,0	As 2,2	Se 2,6	Br 3,0
Rb 0,8					Te 2,1	I 2,7

Abb. 2.1 Elektronegativitäten der wichtigsten Elemente

der linken Seite eher Elektronen abgeben wollen (➤ Kap. 2.2).

Die **Elektronegativität nimmt also von links nach rechts zu.** Außerdem nimmt die Elektronegativität im PSE **von oben nach unten ab,** da durch die Zunahme des Atomradius die Elektronen benachbarter Atome nicht so nah an den Kern herankommen können und damit nicht so stark angezogen werden. Im Periodensystem nimmt somit die Elektronegativität von rechts nach links zu, während der Atomradius abnimmt und umgekehrt.

FÜR DIE KLAUSUR

Da es vor allem in mündlichen Prüfungen wichtig ist, sein Wissen schön zu verpacken, sollte man einige Fachbegriffe in sein Repertoire aufnehmen. Wenn z. B. die Zunahme einer Größe mit der Abnahme einer anderen einhergeht (wie hier Atomradius und Elektronegativität), so bezeichnet man diese beiden als **antikorreliert.**

Die größte Elektronegativität hat das Fluor (4,0), die kleinste das Francium. Die Edelgase haben bereits ihr Oktett, also auch kein Bestreben, andere Elektronen zu binden. Ihr braucht sie folglich bei den Elektronegativitäten nicht zu beachten.

LERNTIPP

Vielleicht müsst ihr im Praktikum ein paar Elektronegativitäten kennen. Dann solltet ihr euch merken, dass die Elektronegativitäten vom Fluor nach links in 0,5er Schritten abnehmen (Sauerstoff 3,5, Stickstoff 3 etc.).

Da es mit Sicherheit wichtig ist zu wissen, wie sich Elektronegativität und Atomradien im PSE entwickeln, könnt ihr euch Folgendes merken, wenn ihr glaubt, die Herleitung unter Stress nicht hinzubekommen:
Wenn ihr ein Periodensystem vor euch liegen habt und mit der linken Hand salutiert, zeigen die Finger in Richtung zunehmender Elektronegativität und abnehmender Atomradien.

2.5 Orbitalmodell

Das Atommodell, mit dem hier die Grundlagen des Periodensystems hergeleitet wurden, wurde über die Jahre weiter verbessert. Man beschreibt dabei Orte, an denen ein Elektron mit einer bestimmten Wahrscheinlichkeit anzutreffen ist, und spricht von **Orbitalen.** Erfreulich ist, dass das Schalenmodell nicht verworfen, sondern vielmehr in das Orbitalmodell integriert wurde.

Man kann nämlich auch innerhalb einer Schale noch genauere Angaben zur Lage eines Elektrons machen.

Da **jedes Orbital mit maximal zwei Elektronen** besetzt werden kann, kann man ausrechnen, wie viele Orbitale jede Schale enthält.

Grundsätzlich kann es auf jeder Schale **1 s-Orbital, 3 p-Orbitale, 5 d-Orbitale und 7 f.-Orbitale geben.** Natürlich gibt es auf „kleinen" Schalen nicht alle Orbitale. So kann die 2. Schale nur 8 Elektronen aufnehmen, die dann in einem s-Orbital und 3 p-Orbitalen unterkommen (denn das sind 4 Orbitale, die je zwei Elektronen aufnehmen können). Auf der ersten Schale finden sogar nur 2 Elektronen Platz, dementsprechend gibt es hier nur ein s-Orbital.

FÜR AHNUNGSLOSE

Man muss einfach die Anzahl der Elektronen, die auf der Schale Platz finden, berechnen und diese dann durch 2 dividieren, also für die dritte Schale:

$$2 \times 3^2 = 18$$
$$18 : 2 = 9$$

Folglich gibt es 9 mögliche Orbitale auf der dritten Schale.

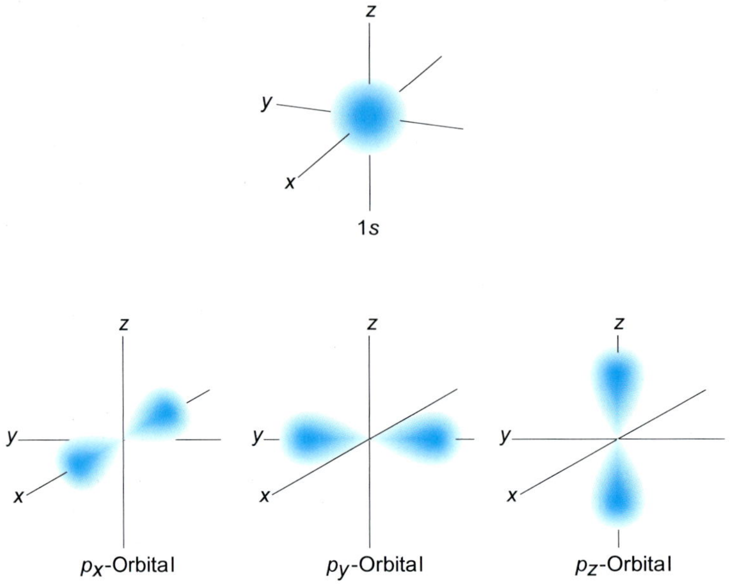

Abb. 2.2 Form der p- und s-Orbitale

LERNTIPP

Für die Benennung der Schalen: **s, p, d** und **f.**
Das **s-Orbital** ist am energieärmsten und wird folglich als erstes besetzt.
Es ist nicht das Ziel, sich ein Atom perfekt räumlich vorstellen zu können! Dafür liefern die Lehrbücher der Chemie ohnehin zu wenige Informationen. Allerdings solltet ihr euch vielleicht merken, dass die **s-Orbitale kugelförmig** und die **p-Orbitale hantelförmig** sind (➤ Abb. 2.2).

Man sollte in der Lage sein, eine **Elektronenkonfiguration** (also die Verteilung der Elektronen) mittels des Orbitalmodells schreiben zu können. Das wird hier am Beispiel des Elements Chlor demonstriert. Da die Ordnungszahl 17 ist, weiß man, dass 17 Elektronen vorliegen.

Die ersten beiden Elektronen finden auf der ersten Schale Platz und zwar im s-Orbital. Man schreibt $\mathbf{1s^2}$.

FÜR AHNUNGSLOSE

1 = 1. Schale
s = s-Orbital
2 = 2 Elektronen

Damit ist die erste Schale gefüllt. Auf der zweiten Schale finden insgesamt acht Elektronen Platz. Die ersten beiden gelangen ins s-Orbital der zweiten Schale. Man schreibt $\mathbf{2s^2}$.

Nun passen noch 6 Elektronen auf die zweite Schale. Sie verteilen sich auf die 3 p-Orbitale. Ihr solltet euch außerdem merken, dass **energetisch gleichwertige Orbitale** (alle p-Orbitale sind energetische gleich, deshalb haben sie denselben Namen), **zunächst einfach, dann doppelt besetzt werden** (➤ Abb. 2.3) (Elektronen stoßen sich schließlich ab). Man schreibt $\mathbf{2p^6}$.

In der dritten Schale können 18 Elektronen Platz finden, allerdings hat Chlor nur 17, wobei wir 10 bereits verteilt haben. Also müssen nur noch 7 Elektronen in die 3. Schale. Die ersten beiden wandern in das s-Orbital, die übrigen fünf in die p-Orbitale. Zwei der p-Orbitale sind also doppelt, eins einfach besetzt. Man schreibt $3s^2\ 3p^5$. Die Elektronenkonfiguration für Chlor lautet also:

$$\mathbf{1s^2\ 2s^2\ 2p^6\ 3s^2\ 3p^5}$$

FÜR DIE KLAUSUR

Wie könnet ihr kontrollieren, ob ihr richtig gearbeitet habt? Addiert die hochgestellten Zahlen, dann solltet ihr wieder auf die Ordnungszahl des Elements kommen!

Auf diese Weise könnt ihr für jedes Element die Elektronenkonfiguration bestimmen! Man muss aber wissen, dass, **bevor die d-Orbitale besetzt werden, erst das s-Orbital der nächsthöheren Schale besetzt wird** (also: $\mathbf{3p^6\ 4s^2\ 3d^{10}}$).

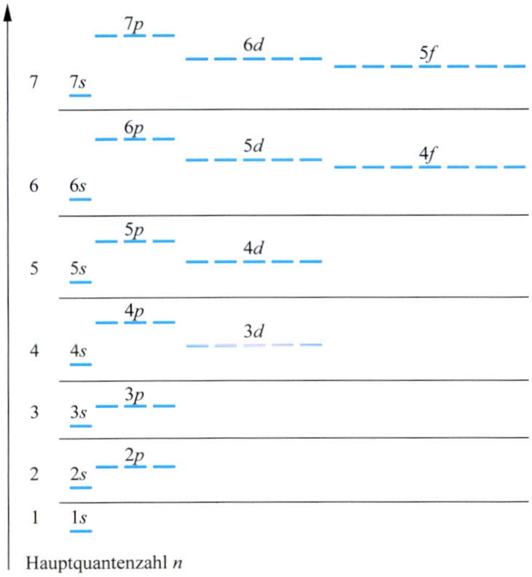

Abb. 2.3 Energieniveaus der Orbitale

Man kann nun zu einem Element die Elektronenkonfiguration schreiben (Übungsaufgaben gibt es am Ende dieses Kapitels). Kann man auch aus der Elektronenkonfiguration ablesen, um welchen Stoff es sich handelt?

Nein, denn Atome können auch Elektronen aufnehmen oder abgeben. So kann z. B. Natrium ein Elektron abgeben (Na^+) und hat dann die Elektronenkonfiguration $\mathbf{1s^2\ 2s^2\ 2p^6}$ (wie das Edelgas Neon). Nimmt Fluor ein Elektron auf (F^-), hat es ebenfalls die Konfiguration $\mathbf{1s^2\ 2s^2\ 2p^6}$.

Man nennt diese Atome dann **isoelektronisch,** weil sie die gleiche Elektronenkonfiguration haben.

Man kann nun natürlich auch die Position eines einzelnen Elektrons charakterisieren. Dies sollte für die meisten Klausuren aber weit weniger relevant sein als der vorherige Abschnitt. Man nutzt dazu die **4 Quantenzahlen:**

Hauptquantenzahl (n): Sie sagt aus, in welcher Schale sich das Elektron befindet. Dementsprechend hat ein Elektron in der zweiten Schale die Hauptquantenzahl 2.

Nebenquantenzahl (l): Sie sagt aus, in welchem Orbital das Elektron sitzt. Jedem der Orbitaltypen (s, s, d oder f) ist dabei eine Zahl zugewiesen (0, 1, 2 oder 3).

Magnetquantenzahl (m): Wenn man durch die Nebenquantenzahl 1 erfahren hat, dass das Elektron in einem p-Orbital sitzt, weiß man noch nicht in welchem (es gibt schließlich drei). Dafür zuständig ist die Magnetquantenzahl. Bei den p-Orbitalen gibt es −1, 0, 1, bei den d-Orbitalen −2, −1, 0, 1, 2. Es werden also so viele Zahlen verwendet wie Orbitale dieses Typs existieren.

Spinquantenzahl: Wenn man weiß, dass das Elektron auf der Schale zwei im p-Orbital mit der Nummer 0 sitzt, gibt es immer noch zwei Elektronen zur Auswahl, da ja in jedem Orbital zwei Elektronen Platz finden. Die Spinquantenzahl (entweder +½ oder −½) sagt aus, welches der beiden Elektronen gemeint ist.

MERKE

Das **Pauli-Prinzip** besagt, dass in einem Atom kein Elektron mit einem anderen in allen vier Quantenzahlen übereinstimmen kann.

2.6 Übungen

1. Ordne diese Elemente nach **steigender Elektronegativität** (PSE erlaubt): K, F, Rb, Cl, Fr
2. Ordne diese Elemente nach **abnehmendem Atomradius** (PSE erlaubt): Na, Al, P, F, Mg
3. Wie lautet die Elektronenkonfiguration von Fluor?
4. Wie lautet die Elektronenkonfiguration von Cl^-? Mit welcher Konfiguration stimmt sie überein?
5. Was besagt das Pauli-Prinzip?

KAPITEL

3 Chemische Bindung

Zur Erinnerung: Das Ziel eines Atoms ist es, Edelgaskonfiguration zu erreichen. Dies kann durch Eingehen von Bindungen mit anderen Atomen erreicht werden, was die Grundlage für nahezu alle Substanzen bildet, die euch im Alltag begegnen. Das Nachvollziehen der Bindungstypen ist insofern wichtig, als dass es einem ermöglicht, sich die Eigenschaften der resultierenden Stoffe herzuleiten.

3.1 Metallische Bindung

Wie bereits besprochen, haben Atome mit 1 oder 2 Valenzelektronen kein großes Bestreben, diese an sich zu binden, sondern neigen vielmehr dazu, sie abzugeben, um Edelgaskonfiguration zu erreichen (geringe Elektronegativität). Wenn nun mehrere Atome dieses Typs (Metalle) zusammentreten, wirken auf die Valenzelektronen nicht nur die Anziehungskräfte „ihres" Kerns, sondern auch die von

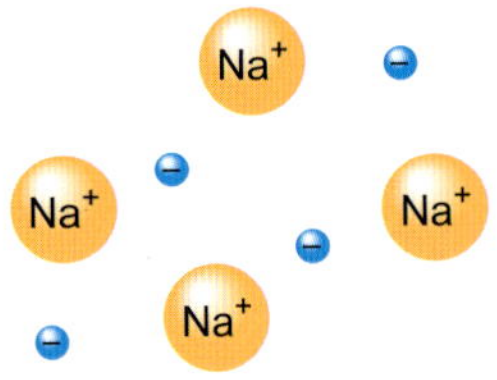

Abb. 3.1 Natrium – Elektronengas und Atomrümpfe

benachbarten Atomen. Da die Bindung der Valenzelektronen eines Atoms an den Kern bei den Elementen mit geringer Elektronegativität nicht groß ist, verlassen sie das Atom. Zurück bleibt ein **geladener Atomrumpf.** Die abgegebenen Elektronen sind **delokalisiert** und schwirren als **negativ geladenes Elektronengas** zwischen den Atomrümpfen (➤ Abb. 3.1). Ein Elektron kann dabei keinem Atomrumpf mehr zugeordnet werden. Es „gehört quasi allen". Die Anziehungskräfte zwischen Elektronengas und Atomrümpfen halten alles zusammen.

Diesen Zustand bezeichnet man als metallische Bindung.

3.1.1 Eigenschaften

Was bedeutet das für die Eigenschaften von Metallen? Metalle besitzen unter anderem eine hohe **Duktilität** (sie sind plastisch verformbar und brechen nicht sofort).

FÜR AHNUNGSLOSE

Eine plastische Verformung ist irreversibel, es sei denn, man wendet erneut Kraft auf, um sie rückgängig zu machen. Im Gegensatz dazu steht die **elastische Verformung,** bei der der Körper selbst, ohne äußere Kraft, seine Ausgangsform wiederherstellt.

Dies lässt sich durch die metallische Bindung erklären: Das Elektronengas hält die Atomrümpfe zusammen, gleichzeitig haben die Atomrümpfe keine starre Anordnung, sodass sie sich unter Druck aneinander vorbei bewegen können. Da es kein Bestreben gibt, den Ausgangszustand wiederherzustellen, ist die Verformung plastisch und nicht elastisch.

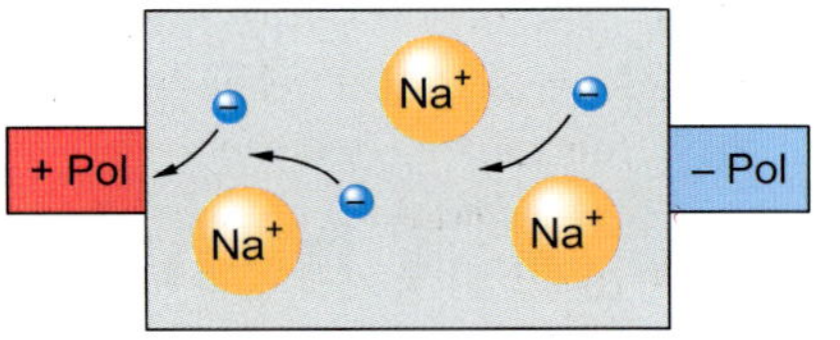

Abb. 3.2 Spannungsquelle an Metallblock

LERNTIPP

Reine Metalle sind verformbar! Man denke an die Olympioniken, die ihre Goldmedaille testen wollen, indem sie hineinbeißen. Da olympische Medaillen schon lange nicht mehr aus reinem Gold, sondern aus einer Legierung bestehen, hat das allerdings wenig Sinn.

Zur besseren Vorstellung: Man legt an einen Metallblock eine Spannung an (an einer Seite sind viele Elektronen, **Minuspol,** an der anderen wenige, **Pluspol**) (➤ Abb. 3.2). Die vielen Elektronen wollen nun durch den Metallblock zu der Seite, wo wenige Elektronen sind und „drücken" beim Eindringen Elektronen auf der anderen Seite heraus. Es fließt Strom.

Bei **Halbmetallen** (z. B. Silizium) können die Valenzelektronen bei Raumtemperatur ihr Atom noch nicht verlassen und damit auch kein Elektronengas bilden. Hierfür braucht es mehr Energie, sodass diese Stoffe erst bei höheren Temperaturen den elektrischen Strom leiten. Man bezeichnet sie folglich auch als **Halbleiter.**

Eine weitere Eigenschaft ist der **metallische Glanz,** auf den hier aber nicht näher eingegangen werden soll.

3.1.2 Legierungen

Selbstverständlich können nicht nur Atome desselben Elements (etwa Kupfer) eine metallische Bindung eingehen. Mischt man verschiedene Metalle, erhält man eine sogenannte **Legierung.** Deren Eigenschaften können von denen der Ausgangsstoffe abweichen, da sich in Abhängigkeit von der Zusammensetzung verschiedene Phasen und kristalline Strukturen ausbilden können, die dann beispielsweise die Härte erhöhen oder die Leitfähigkeit herabsetzen können.

FÜR AHNUNGSLOSE

Mischen ist hier nicht im Sinne von Zusammenkippen und kräftig Verrühren zu verstehen, sondern als mehrmaliges Erhitzen und wieder Abkühlen.

Als Mediziner sollte man vor allem Zahnfüllungen aus **Amalgam** kennen. Sie bestehen aus Legierungen, die u. a. **Quecksilber (Hg)** enthalten. Weitere Legierungen sind Bronze (Kupfer/v. a. Zinn) und Messing (Kupfer/Zink).

LERNTIPP

Wenn man sich unsicher ist, ob Zinn das Elementsymbol Sn oder Zn hat, merkt euch: **Zinn macht Sinn.** Dementsprechend hat Zinn das Symbol Sn. Das Zn gehört dagegen zu Zink.

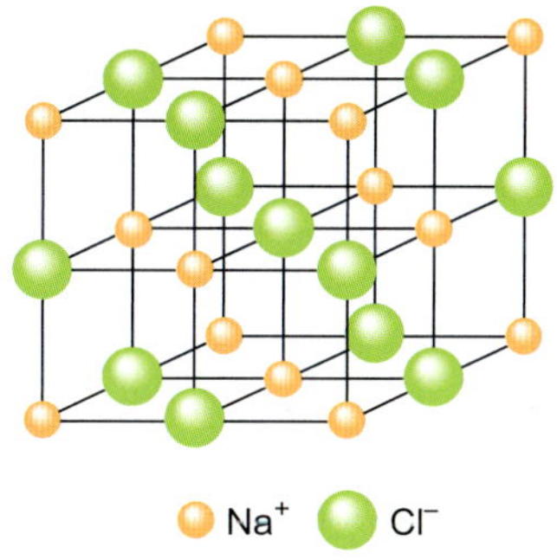

Abb. 3.3 Ionengitter bei NaCl

3.2 Ionenbindung

Wie bereits besprochen, haben Metalle das Bestreben, ihre Valenzelektronen abzugeben, während Nichtmetalle Valenzelektronen aufnehmen wollen. Es ist naheliegend, dass Metalle und Nichtmetalle Bindungen eingehen, bei denen Elektronen von den Metallen auf die Nichtmetalle übergehen. Da dabei geladene Teilchen, also **Ionen,** entstehen, spricht man von einer Ionenbindung. Um Elektronen aus einem Atom zu lösen, es also zu einem Ion zu machen, wird eine **Ionisierungsenergie** benötigt, die bei Metallen so gering ist, dass diese Elektronen abgeben und nun **positiv geladene Ionen** bilden, die als **Kationen** bezeichnet werden. Die Nichtmetalle können Elektronen aufnehmen und werden so zu **negativ geladenen Anionen.** Dadurch wird übrigens mehr Energie frei, als für das Herauslösen der Elektronen bei der Bildung der Kationen notwendig war. Ein solcher Vorgang ist allerdings nur möglich, wenn die Elektronegativitäten von Metall und Nichtmetall weit auseinander liegen. Im Übrigen geben die Atome immer so viele Elektronen ab, dass sie in der Regel Edelgaskonfiguration erreichen. Das heißt Calcium (2. Hauptgruppe) wird nie nur als Ca^+-Ion vorliegen, sondern immer auch sein zweites Valenzelektron abgeben, um zum Ca^{2+}-Ion zu werden. Bei der **Aufnahme von Valenzelektronen nimmt der Atomradius selbstverständlich zu, bei der Abgabe nimmt er ab.**

MERKE

Bei der Bildung von Ionen ändern sich Elektronenkonfiguration, Ladung und Atomradius.
Dagegen bleiben Kernladung und Masse (nahezu) gleich.

Die entstehenden geladenen Teilchen ziehen sich natürlich gegenseitig an und lagern sich zu einem festen **Ionengitter** zusammen (➤ Abb. 3.3). Die Bindung ist dabei **ungerichtet,** da ein Anion alle Kationen in seiner Umgebung elektrostatisch anzieht und nicht nur ein bestimmtes.

3.2.1 Eigenschaften

Salze sind bei Raumtemperatur in der Regel fest, da sie durch ihre Gitterstruktur **hohe Schmelzpunkte** haben. Die Energie, die zum Spalten einer Bindung nötig ist, wird passenderweise als Bindungsenergie bezeichnet. Sie beträgt für eine Ionenbindung etwa **400 kJ/mol,** ein Zahlenwert, den man kennen sollte. Feste Salze **leiten den elektrischen Strom nicht,** da die Elektronen nicht durch das Gitter wandern können und die Ionen selbst auch ihren festen Platz haben. Wird das Gitter allerdings gebrochen, indem man das Salz schmilzt oder in Wasser löst (dazu später mehr), können die frei beweglichen Ionen als Ladungsträger den Strom leiten, indem sie zum Plus- bzw. Minuspol wandern. Diese Schmelzen oder wässrigen Lösungen, in denen Ionen den elektrischen Strom leiten, nennt man **Elektrolyte.**

3.2.2 Salzformeln

Ein kleines Beispiel: Natrium und Chlor reagieren unter Bildung eines Salzes. Jedes Natriumatom sucht sich ein Chloratom, an das es ein Elektron abgibt, und schon haben alle Ionen Edelgaskonfiguration. Natrium und Chlor liegen im Salz zu gleichen

Teilen vor. Die **Summerformel** lautet deshalb NaCl (das positiv geladene Ion steht immer vorne).

Bei Calcium und Chlor gibt es ein Problem: Jedes Calciumatom will zwei Elektronen abgeben, es steht schließlich in der zweiten Hauptgruppe, hat also zwei Valenzelektronen. Wenn ein Chloratom aber zwei Elektronen aufnehmen würde, hätte es das Oktett überschritten, da es dann 9 Valenzelektronen hätte. Folglich muss es pro Calciumatom zwei Chloratome geben, die die Elektronen aufnehmen, sodass wieder alle Teilchen Edelgaskonfiguration haben. Dies äußert sich in der Salzformel $CaCl_2$.

Man muss also beachten, wie viele Elektronen die Teilchen abgeben wollen bzw. welche Ladung die entstehenden Ionen haben werden, um die Salzformel aufstellen zu können.

FÜR AHNUNGSLOSE

Die Summenformel gibt eine erste Orientierung, wie ein Stoff aufgebaut ist. Man erhält durch die Symbole die beteiligten Elemente und durch die tiefgestellten Zahlen das Verhältnis der Elemente zueinander.
Beispiel: Wasser, H_2O
Wasserstoff und Sauerstoff liegen im Verhältnis 2 : 1 vor.

FÜR DIE KLAUSUR

Salzformeln richtig angeben zu können ist wichtig. Man könnte z. B. mehrere Salzformeln nennen und fragen, welche nicht korrekt sein kann:

a. NaCl
b. CaF_2
c. Al_2O_3
d. NaO

Vielleicht verwirrt hier Antwort c). Aluminium steht in der dritten Hauptgruppe und Sauerstoff in der sechsten. Da Aluminium 3 Elektronen abgeben will, aber Sauerstoff nur 2 aufnehmen kann, muss man zwei Aluminiumatome (geben dann 6 Elektronen ab) mit 3 Sauerstoffatomen (nehmen 6 Elektronen auf) reagieren lassen. Man sucht nach dem **kleinsten gemeinsamen Vielfachen;** c) stimmt also.
Da Natrium nur ein Elektron abgeben kann und Sauerstoff zwei aufnehmen muss, braucht man in einem Salz zweimal mehr Natrium als Sauerstoff, folglich trifft Antwort d) nicht zu!

3.2.3 Nomenklatur

Ihr solltet grundsätzlich bedenken, dass ihr, wenn ihr geladene Teilchen (z. B. Na^+) betrachtet, von **Natrium-Ionen** und nicht von Natrium sprechen müsst. Bei einem Salz nennt man das Kation mit dem deutschen Namen des Elements, das Anion mit dem lateinischen Namen (bzw. einem Teil des lateinischen Namens) und der Endung **„id“.** Also:

- NaCl = Natriumchlorid
- CaF_2 = Calciumfluorid

Ihr müsst allerdings beachten: Die **Übergangsmetalle** (Nebengruppenelemente) **können als unterschiedlich geladene Ionen vorliegen!** Es gibt z. B. zwei- und dreifach positiv geladene Eisen-Ionen (Fe^{2+}/Fe^{3+}). Aus diesem Grund muss in diesem Fall die Ladung der Kationen im Namen deutlich gemacht werden!

Beispiel:

- FeO = Eisen(II)-oxid (gesprochen: Eisen-Zwei-Oxid)
- Fe_2O_3 = Eisen(III)-oxid (gesprochen: Eisen-Drei-Oxid)

Es gibt auch Ionen, die sich aus mehreren Atomen zusammensetzen. Sie entstehen häufig aus Säuren. Da sie in der Nomenklatur von der Endung „id“ abweichen, und zum Verständnis noch ein paar zusätzliche Informationen notwendig sind, werden sie zu einem späteren Zeitpunkt im Buch besprochen.

Exkurs: Das Mol

Wenn man angeben will, wie viele Teilchen ein Stoff enthält, kann man sich denken, dass die Zahl ziemlich schnell ziemlich groß wird. Man nutzt in diesem Zusammenhang einen Trick, indem man sagt, dass eine bestimmte Zahl Teilchen (nämlich **$6{,}02 \times 10^{23}$**) einem **Mol** entsprechen. Diese Zahl bezeichnet man auch als **Avogadro-Konstante** oder **Lohschmidt-Zahl.** Nun muss man also nicht sagen, dass in einem Block Kupfer $12{,}04 \times 10^{23}$ Teilchen sind, sondern man spricht einfach von zwei Mol.

Aber es ist Vorsicht geboten! Wenn man ein Mol Natrium hat, hat man $6{,}02 \times 10^{23}$ Atome. Hat man allerdings ein Mol Wasser (H_2O), hat man $6{,}02 \times 10^{23}$ Wassermoleküle. Da jedes Molekül aber aus 3 Atomen (zweimal Wasserstoff, einmal Sauerstoff) besteht, hat man dreimal mehr, also $18{,}06 \times 10^{23}$, Atome!

> **FÜR AHNUNGSLOSE**
> Einen solchen Trick kennt ihr aus dem Alltag:
> Man definiert die Zahl 12 als **ein Dutzend** und spricht nun nicht mehr von 36 Äpfeln, sondern von drei Dutzend Äpfeln.

Ein Vorteil des Mols: Es ist so definiert, dass ihr aus der relativen Atommasse sofort das Gewicht eines Mols ableiten könnt:

Natrium hat z. B. eine Atommasse von 23. Das bedeutet, dass 1 mol, also 6×10^{23} Natriumatome, eine Masse von **23 g** haben.

Das Ganze klappt auch mit Verbindungen: Ein Wassermolekül hat eine Atommasse von 18 (je 1 pro Wasserstoff und 16 pro Sauerstoff). 1 mol Wasser hat demnach eine Masse von **18 g.**

Des Weiteren sollte man wissen, dass **ein Mol eines idealen Gases unter Normalbedingungen** (0 °C und 1.013 hPa Druck) **ein Volumen von 22,4 l** hat. Ideale Gase sind zwar nur eine Modellvorstellung, jedoch kommen die Gase, die euch in Übungsaufgaben begegnen, den Charakteristika eines idealen Gases so nah, dass ihr die 22,4-Liter-Regel anwenden könnt.

Für das Studium ist es immens wichtig, mit den Angaben **molare Masse (*M*), Masse (*m*)** und **Stoffmenge (*n*)** rechnen zu können. Die molare Masse ist die Masse, die ein Mol eines Stoffes besitzt. Da sie betragsmäßig mit der relativen Atommasse übereinstimmt, kann man sie in der Regel aus dem PSE ablesen:

Bei Natrium beträgt sie 23 g/mol. Wenn man nun wissen will, welche Masse 3 mol Natrium haben, multipliziert man sie mit den 3 mol. Mol kürzt sich heraus und man erhält 69 g als Ergebnis. Die zugehörige Formel lautet:

$$m = n \times M$$

Um die anderen Variablen zu berechnen, könnt ihr sie umstellen zu $M = m/n$ oder auch $n = m/M$.

> **LERNTIPP**
> Ein guter Trick, sich das Formeln-Lernen zu vereinfachen: Ihr solltet wissen, dass die **molare Masse** die Einheit **Gramm pro Mol** haben muss. Damit ihr diese Einheit als Ergebnis erhaltet, müsst ihr die Masse durch die Stoffmenge teilen. Auf diese Weise wisst ihr: $M = m/n$

3.3 Atombindung

Wir haben die Bindung zwischen Metall- und Metallatomen (metallische Bindung) und die zwischen Metall- und Nichtmetallatomen (Ionenbindung) kennengelernt. Nun kommen wir zur Bindung zwischen Nichtmetallatomen, der **Atombindung** oder **kovalenten Bindung.**

Nichtmetalle wollen Elektronen aufnehmen, um Edelgaskonfiguration zu erreichen. Betrachten wir als Beispiel das Fluor: Es hat im atomaren Zustand 3 gepaarte, freie Elektronenpaare und ein ungepaartes, einzelnes Elektron. Wenn es nun auf ein anderes Fluoratom trifft, bilden die beiden einzelnen Elektronen ein **gemeinsames bindendes Elektronenpaar,** welches nun von beiden Atomen für sich beansprucht wird, sodass beide Atome Edelgaskonfiguration erreicht haben. Das gemeinsame bindende Elektronenpaar wird in der Strukturformel durch einen Strich zwischen den Atomsymbolen angedeutet (➤ Abb. 3.4). Die Elektronegativitäten der Bindungspartner unterscheiden sich bei der Atombindung nur wenig (oder im Falle von F_2 gar nicht), da sonst, wie bei der Ionenbindung, einer der Bindungspartner das Elektronenpaar komplett an sich ziehen würde.

Abb. 3.4 Zwei Fluoratome bilden ein Fluormolekül.

> **FÜR AHNUNGSLOSE**
> „Elektronenpaar" bedeutet nichts anderes, als dass sich die Elektronen **im selben Orbital** befinden (denn Orbitale können schließlich doppelt besetzt werden). Wie ein bindendes Elektronenpaar zustande kommt, erfahrt ihr noch in diesem Kapitel.

Fehlt einem Stoff mehr als ein Elektron zum Oktett, kann er auch mehrere Bindungen eingehen: So bildet Sauerstoff im Wasser zwei Bindungselektronenpaare mit Wasserstoffatomen.

Da die Atombindung von einem Atom zu einem anderen weist, bezeichnet man sie als **gerichtet.**

Mit eurem Wissen könnt ihr aus den Hauptgruppen herleiten, wie viele Bindungen ein Atom eingehen will. Dementsprechend wisst ihr auch, ob es freie Elektronenpaare besitzt und wie viele Elektronen ungepaart vorliegen.

Wenn ihr in einer Strukturformel untersucht, ob ein Atom Edelgaskonfiguration besitzt, zählt alle Valenzelektronen an diesem Atom (**freie und gemeinsame Elektronenpaare**). Bedenkt auch, dass bei Atomen ab der dritten Periode (z. B. Phosphor) eine Oktettaufweitung stattfinden kann.

3.3.1 Zweiatomige Gase

Ihr habt am Beispiel des Fluors gesehen, dass ein Atom auch mit anderen Atomen desselben Elements Bindungen eingehen kann. So liegen z. B. in einer Wolke aus Chlorgas alle Chloratome als **dimere Moleküle** (also ein Molekül aus zwei Chloratomen). Da beide Atome identisch sind, spricht man von einem **Homodimer.** Als Medizinstudenten solltet ihr wissen, welche Elemente de facto **nur als zweiatomige Moleküle** vorkommen. Dies sind die Gase **Wasserstoff (H), Stickstoff (N) und Sauerstoff (O)** sowie **alle Halogene** (die 7. Hauptgruppe).

LERNTIPP

HNO (Hals-Nasen-Ohrenarzt) und die **Halogene** sind **zweiatomig.** Da dies später beim Aufstellen von Reaktionsgleichungen eine große Rolle spielt, solltet ihr darüber Bescheid wissen!
Manche Studenten merken sich Stickstoff, Sauerstoff und Wasserstoff auch als NOH (Nie ohne Homie).

3.3.2 Molekülorbitale

Was passiert, wenn ungepaarte Elektronen ein gemeinsames bindendes Elektronenpaar bilden? Verschmelzen die Orbitale? Fällt ein Orbital weg?

Die Antwort ist etwas komplexer: Aus den zwei Orbitalen der einzelnen Atome, die **energetisch gleichwertig sein müssen,** entstehen **zwei Molekülorbitale,** von denen eines mehr und das andere weniger energiereich ist (➤ Abb. 3.5). Da Stoffe immer nach einem energetisch günstigen, also energiearmen, Zustand streben, besetzen beide Elektronen das energieärmere Orbital. Es ist logisch, dass deshalb **nur einfach (also mit ungepaarten Elektronen) besetzte Orbitale** eine Bindung eingehen können. Ansonsten müssten wir vier Elektronen auf die neu entstehenden Orbitale verteilen. Somit müssten zwei auch in das energiereichere Orbital, wodurch kein energetisch günstigerer Zustand erreicht worden wäre.

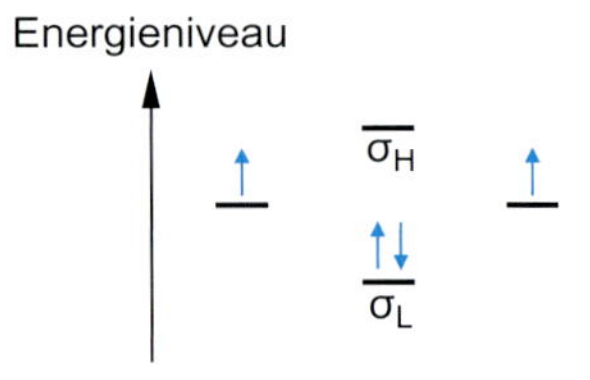

Abb. 3.5 Energieniveau der Molekülorbitale

Bindungen, die über ein einziges Elektronenpaar vermittelt werden, heißen **Einfachbindungen.** Die Atome sind zwar aneinander fixiert, aber immer noch **drehbar.** Die Bindung wird **σ-Bindung,** das Orbital **σ-Molekülorbital** genannt. Auch die Bindungsenergie einer Einfachbindung sollte man kennen. Sie ist ungefähr identisch mit der der Ionenbindung, beträgt also rund **400 kJ/mol.**

FÜR DIE KLAUSUR

... solltet ihr vor allem die **Eigenschaften der Bindungen** kennen. Außerdem wird im nächsten Abschnitt besprochen, wie man den **Hybridisierungszustand** von Atomen erkennt. Das ganze Thema kann verwirrend sein, deshalb findet ihr im nächsten Kasten einen hilfreichen Trick!

3.3.3 Hybridisierung

Wir betrachten die Elektronenkonfiguration von Kohlenstoff. Die Ordnungszahl 6 sagt uns, dass es 6 Elektronen gibt. Die ersten beiden wandern ins s-Orbital der 1. Schale. Die nächsten befinden sich im s-Orbital der zweiten Schale. Nun bleiben noch zwei Elektronen, die je eins der energetisch gleichwertigen p-Orbitale einfach besetzen ($1s^2\ 2s^2\ 2p^2$).

Wir sehen: Kohlenstoff hat zwar vier Valenzelektronen. Davon liegen aber zwei gepaart vor (im s-Orbital) und können somit keine Bindungen eingehen. Trotzdem ist Kohlenstoff, etwa im Methan, vierbindig.

Dies ist möglich, da aus den 3 p-Orbitalen (von denen eines noch komplett unbesetzt ist) und dem s-Orbital **vier neue Orbitale** entstehen. Sie heißen **sp^3-Orbitale** und sind energetisch gleichwertig, wo-

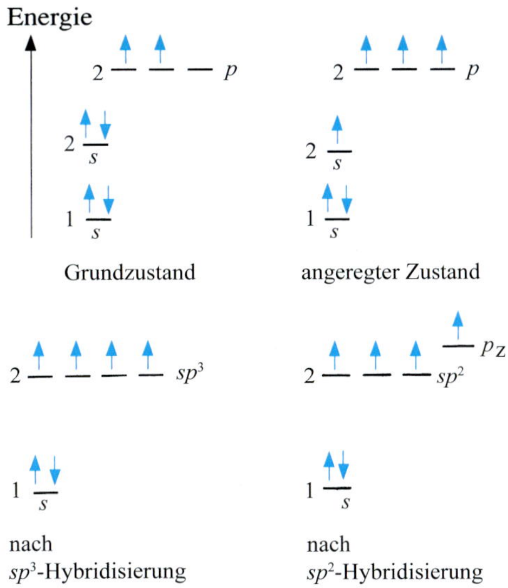

Abb. 3.6 sp^3- und sp^2-Hybridisierung

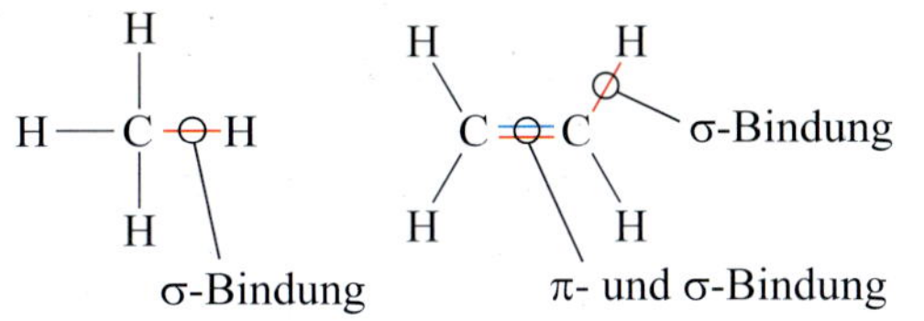

Abb. 3.7 Methan und Ethen

3

bei ihr Energiegehalt logischerweise zwischen dem des s- und dem der p-Orbitale liegt. Nun kann der Kohlenstoff auch an Wasserstoff binden. Dieses „Verschmelzen" von Orbitalen, um energetisch gleichwertig Orbitale zu erzeugen, nennt man **Hybridisierung.** Wenn alle drei p-Orbitale der äußersten Schale mit dem s-Orbital verschmelzen, spricht man von **sp^3-Hybridisierung.**

Wenn zwei Kohlenstoffatome miteinander (und mit 4 Wasserstoffatomen, wie beim Ethen) eine Bindung eingehen, sieht die Sache anders aus:

Nur zwei der p-Orbitale verschmelzen mit dem s-Orbital (das Ganze findet natürlich bei beiden C-Atomen statt). Es entstehen **3 sp^2-Orbitale** pro Kohlenstoffatom (➤ Abb. 3.6). Jedes Kohlenstoffatom nutzt nun zwei der sp^2-Orbitale, um mit Wasserstoff σ-Bindungen auszubilden und eins, um mit dem jeweils anderen Kohlenstoff eine solche Bindung zu erzeugen. Beide C-Atome haben allerdings noch je ein Elektron in einem p-Orbital. Diese beiden p-Orbitale verschmelzen und bilden, ebenfalls zwischen den beiden Kohlenstoffatomen, eine sogenannte **π-Bindung.**

Wird eine Bindung zwischen Atomen durch zwei Elektronenpaare vermittelt, spricht man von einer **Doppelbindung** (➤ Abb. 3.7). Sie besteht aus **einer σ- und einer π-Bindung,** die Atome sind **nicht frei drehbar** und der Abstand zwischen ihnen (**Bindungsabstand**) ist **geringer** als bei einer Einfachbindung. Die Bindungsenergie einer π-Bindung ist allerdings geringer als die einer σ-Bindung und beträgt nur etwa 300 kJ/mol. Beide Bindungen zusammen sind aber logischerweise stabiler als eine Einfachbindung.

Bei einer **Dreifachbindung** zwischen Kohlenstoffatomen liegt eine **sp-Hybridisierung** vor. Die hinzukommende Bindung ist ebenfalls eine **π-Bindung.** Folglich gibt es natürlich weiterhin **keine Drehbarkeit** und auch der Bindungsabstand wird erneut **kürzer.** Selbstverständlich ist es auch wesentlich **energieaufwendiger,** eine Dreifachbindung zu spalten.

FÜR AHNUNGSLOSE

Warum bilden Elektronen, wenn sie sich doch eigentlich abstoßen, Dreifachbindungen? Schließlich befinden sich dann doch sechs Elektronen auf relativ geringem Raum! Das liegt daran, dass die Elektronen dort den positiven Anziehungskräften von **beiden Kernen** ausgesetzt sind, die sie in Position halten. Tatsächlich kommt es aber in der Realität vergleichsweise leicht zu Reaktionen mit anderen, bevorzugt positiv geladenen, Teilchen. Doch dazu später mehr.

3.3.4 Geometrie

Moleküle sind in der Realität natürlich nicht so platt wie auf dem Papier, sondern nutzen alle drei Raumrichtungen aus, um sich optimal anzuordnen.

FÜR DIE KLAUSUR

In mündlichen Prüfungen bietet es sich an, bei organischen Verbindungen (welche das sind, lernt ihr später) statt von der **Anordnung** eher von der **Konformation** zu sprechen!

Dabei ist wieder vor allem relevant, dass sich die negativ geladenen Valenzelektronen untereinander abstoßen. Folglich werden sie versuchen, einen möglichst großen Abstand voneinander einzunehmen. In einem Molekül wie Methan können sich die Elektronenpaare aufgrund der Einfachbindungen so positionieren, dass sie in **vier verschiedene Richtungen** zeigen. Diese Struktur bezeichnet man als **Tetraeder.** Man findet sie **vor allem bei sp^3-hybridisierten Atomen.** Wie groß ist der Winkel zwischen den Elektronenpaaren? Man könnte intuitiv auf 90° tippen und läge damit falsch, da die Elektronenpaare auch noch „ins Blatt hinein" bzw. „in unsere Richtung" ragen können. Tatsächlich beträgt der Winkel für Methan **109,5°.** Wir müssen aber auch hier etwas beachten: Im Ammoniak (NH_3) findet sich auch ein sp^3 hybridisiertes Atom im Zentrum des Moleküls (3 Hs + 1 freies Elektronenpaar = 4 Anhängsel). Allerdings nimmt hier das Orbital des freien Elektronenpaares mehr Platz ein als ein Molekülorbital, das an einer Bindung beteiligt ist. Das Tetraeder verformt sich deshalb etwas, sodass der Winkel zwischen den bindenden Elektronenpaaren nur noch **106,8°** beträgt.

Im Wassermolekül (H_2O) ist dieses Phänomen noch stärker ausgeprägt, da hier zwei freie Elektronenpaare vorliegen. Das bewirkt, dass der Winkel zwischen den bindenden Elektronenpaaren auf **104,5°** schrumpft. Merkt euch in jedem Fall, dass das **Wassermolekül** deshalb **nicht linear, sondern gewinkelt** gebaut ist! Dieser Umstand wird im nächsten Kapitel wieder wichtig.

Im Ethen liegt eine Doppelbindung aus zwei Elektronenpaaren vor. Betrachten wir nun das linke C-Atom: Die Elektronenpaare, die an H-Atome binden, versuchen sich jeweils soweit wie möglich von allen anderen zu entfernen. Die beiden Elektronenpaare, die die Doppelbindung ausbilden, können sich zwar von den anderen Elektronenpaaren entfernen, nicht aber voneinander, sodass sich die Elektronen nur in **3 verschiedene Richtungen** anordnen können. Um maximalen Abstand zu erzielen, entsteht eine **trigonal-planare** (dreieckig-ebene) Struktur mit Bindungswinkeln von rund **120°.** Diese Struktur findet sich vor allem bei **sp^2-Hybridisierung.**

Im Ethin liegt eine Dreifachbindung vor. Hier können die Elektronenpaare nur in zwei Richtungen zeigen, da die 3 Elektronenpaare der Dreifachbindung zusammenbleiben müssen. Die ideale Anordnung, um einen möglichst großen Abstand zu erzielen, ist deshalb **linear** mit einem Winkel von **180°** (➤ Abb. 3.8).

FÜR DIE KLAUSUR

Die Eigenschaften der Bindungen (Abstand, Drehbarkeit, beteiligte Orbitale) solltet ihr kennen. Bei der Bestimmung des Hybridisierungszustands von Atomen stößt man als durchschnittlich chemieinteressierter Medizinstudent schnell an die Grenze des Zumutbaren. Solltet ihr tatsächlich nach dem Hybridisierungszustand eines Atoms in einer Verbindung gefragt werden, zeichnet sie und zählt dann, wie viele „Anhängsel" es gibt. „Anhängsel" sind in diesem Fall **freie Elektronenpaare** und **gebundene Atome.** Die Anzahl der Bindungspartner liefert euch die Hybridisierung (das klappt zumindest bei den meisten Atomen, nach denen gefragt werden könnte, also C, O oder N).

- 4 Anhängsel = sp^3
- 3 Anhängsel = sp^2
- 2 Anhängsel = sp

3.4 Koordinative Bindung

Die **koordinative Bindung** ist die letzte Bindung, mit der wir uns auseinandersetzen wollen. Sie liegt in sogenannten **Metallkomplexen** vor (➤ Abb. 3.9). Auch hier wird die Bindung durch ein Elektro-

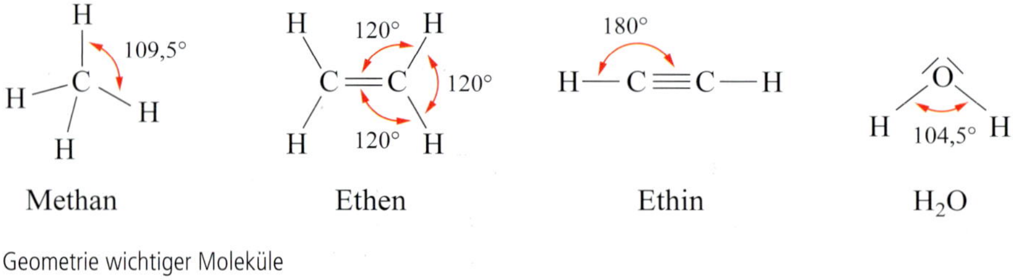

Abb. 3.8 Geometrie wichtiger Moleküle

nenpaar vermittelt, das zwischen den Bindungspartnern liegt. Im Unterschied zur Atombindung stammt es hier allerdings **komplett von einem der Bindungspartner** (dem **Liganden**), während der andere Bindungspartner (das **Zentralion/-atom**) kein Elektron zur Bindung beisteuert.

3.4.1 Bindungspartner

Bei Metallkomplexen liegt allgemein **ein Metall-Ion** oder **Atom** im Zentrum. Um dieses Zentralion herum ordnen sich eine bestimmte Anzahl von **Liganden** an. Wobei es sich dabei um einzelne Ionen oder ganze Moleküle handeln kann.

Die Anzahl der Bindungen, die ein Zentralion eingeht, wird **Koordinationszahl (KZ)** genannt. Ihr könnt sie allerdings nicht aus der Ladung des Teilchens herleiten!

FÜR AHNUNGSLOSE

Welche Ladung hat das Zentralion? Das Zentralion ist immer ein Metall-Ion, und da Metalle, um Edelgaskonfiguration zu erreichen, Elektronen abgeben müssen, sind sie positiv geladen!

3.4.2 Bindung

Dass Metall-Ionen sich zu Stoffen hingezogen fühlen, die ein Elektronenpaar zur Verfügung stellen wollen, ist klar, denn schließlich sind sie positiv und die Elektronen negativ geladen. Warum können aber auch Metall**atome** an einer solchen Bindung beteiligt sein? Metalle sind häufig **Nebengruppenelemente.** Für Nebengruppenelemente ist charakteristisch, dass sie eine **nicht vollständig besetzte innere Schale** aufweisen. Dieses Fehlen von Elektronen bezeichnet man als **Elektronenlücke,** was dazu führt, dass sowohl Zentralionen als auch Zentralatome Elektronen der Liganden akzeptieren.

In diesem Zusammenhang solltet ihr mit einer besonderen Nomenklatur vertraut sein: Wenn ein Stoff Elektronen „spendet“, bezeichnet man ihn als **Elektronendonator** oder auch **Lewis-Base.** Der Stoff, der die Elektronen „akzeptiert“, heißt **Elektronenakzeptor** oder auch **Lewis-Säure.** Die Bindung besteht zwischen Ligand und Zentralteilchen, ist also **gerichtet.**

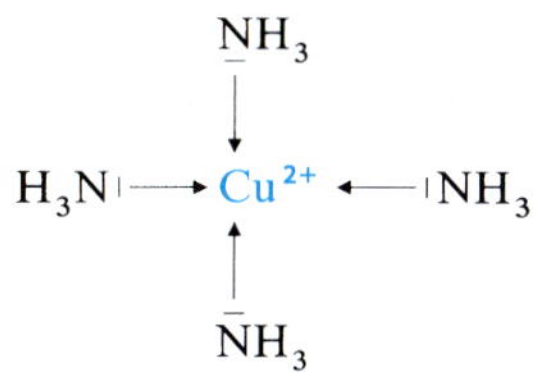

$[Cu(NH_3)_4]^{2+}$

Tetraamminkupfer(II)-Ion

Abb. 3.9 Tetraamminkupfer(II)-Ion als Beispiel für einen Metallkomplex

LERNTIPP

Ihr habt gerade die **Lewis-Definition der Säuren und Basen** kennengelernt. Im Verlauf dieses Buches wird euch noch die Brønsted-Definition begegnen, die geläufiger ist, was jedoch nicht bedeutet, dass ihr die Lewis-Definition vernachlässigen könnt. Merkt sie euch am Beispiel des Medizinstudenten **Lewis,** der durch die Chemieprüfung gefallen ist: Erst war er **sauer,** aber dann hat er's **akzeptiert.**

FÜR DIE KLAUSUR

Es ist wichtig, dass ihr euch bei Definitionen, wie die der Lewis-Säuren, absolut sicher seid, da man versuchen wird, euch mit Falschantworten zu verunsichern. Investiert deshalb Zeit ins sichere Auswendiglernen und/oder nutzt die Eselsbrücken aus den Merke-Kästen.

Welche Aussage trifft nicht zu?

a. Lewis-Säuren sind Elektronenpaarakzeptoren.
b. Liganden in Metallkomplexen sind in der Regel Lewis-Basen.
c. Lewis-Basen sind Protonendonatoren.

Ein einfaches Beispiel zum Üben: Gesucht ist natürlich c), da die Lewis-Definition nicht primär mit Protonen, sondern mit Elektronen zu tun hat.

3.4.3 Summenformel und Nomenklatur

Erfreulicherweise können wir die Summenformel eines Metallkomplexes sehr leicht anhand der **eckigen Klammern** erkennen, die die Bestandteile des Komplexes umschließen. Diese sind innerhalb der Klammer von positiver nach negativer Ladung sortiert (das Zentralteilchen steht folglich vorne).

3

LERNTIPP

Wenn ihr euch nicht sicher seid, ob Ladungen von + nach – oder von – nach + angegeben werden, denkt einfach an **NaCl.**

Das Na^+-Ion steht vorne und das Cl^--Ion ist nachgestellt. Summenformeln von Salzen und Metallkomplexen werden **von + nach – notiert.**

In der folgenden Tabelle findet ihr eine Auswahl an gängigen Liganden. Ihr solltet die Namen der Stoffe als Liganden, aber auch als normale Verbindungen, kennen.

Die Ladung eines Komplexes ergibt sich aus der Summe der Ladungen seiner Bestandteile.

Hat ein Komplex nur neutrale Liganden, so ist seine Ladung aufgrund des in der Regel positiv geladenen Zentralions **positiv.** Allerdings ist es auch möglich, dass anionische Liganden diese Ladung kompensieren (dann ist der gesamte Komplex **neutral**) oder sogar noch übertreffen (dann ist er **negativ**).

FÜR AHNUNGSLOSE

Metallkomplexe können Bestandteile von Salzen sein. Innerhalb des Metallkomplexes liegt dann immer noch eine **koordinative Bindung** vor. **Zusätzlich** bildet der Komplex aufgrund seiner Ladung noch eine **Ionenbindung** zu benachbarten Ionen aus.

Die Ladung eines Komplexes wird in der Regel als hochgestellte Zahl nach der rechten Klammer geschrieben. Ist der Komplex allerdings geladen, also ein Ion, und dazu noch Bestandteil eines Salzes, könnt ihr euch seine Ladung auf zwei Weisen herleiten:

$$[Ca(H_2O)_6]Cl_2$$

Cl steht außerhalb der Klammer, gehört also nicht zum Metallkomplex. Wir wissen, dass Chloratome in Salzen ein Elektron aufnehmen, um Edelgaskonfiguration zu erreichen. Da in unserem Fall zwei Chloratome mit dem Metallkomplex eine Ionenbindung eingehen, muss der Komplex zwei Elektronen weniger haben, also zweifach positiv geladen sein, damit unsere Salzformel stimmt.

Wenn wir die Ladung des Zentralions und der Liganden kennen, können wir natürlich auch einfach die Gesamtladung durch stumpfes Addieren berechnen.

Nun bleibt noch zu klären, wie man einen Metallkomplex mit bekannter Summenformel benennt. Um euch das Ganze etwas zu vereinfachen, soll uns $[Fe(CN)_6]^{4-}$ als Beispiel dienen.

1. Man beginnt mit den Liganden, deren Namen ihr aus der Tabelle 3.1 entnehmen könnt, und sortiert diese in **alphabetischer** Reihenfolge. Man muss natürlich auch kenntlich machen, wie viele Liganden vorliegen. Dafür nutzt man Präfixe, die man kennen sollte, da sie in der gesamten Chemie von Bedeutung sind. In unserem Fall liegen anionische Cyanido-Liganden vor und zwar ganze sechs Stück: *Hexacyanido*
2. Es folgt der Name des Metalls. Da es sich zumeist um Übergangsmetalle handelt, müssen wir die Ladung des Metall-Ions in Klammern angeben. Ist der **gesamte Komplex negativ geladen,** weil die Menge der negativen Ladungen der Liganden die positiven Ladungen des Zentralteilchens übersteigt, so wird das Zentralteilchen mit **lateinischem Namen** benannt und die Endung **„at"** angehängt. In unserem Beispiel ist dies der Fall. Das Eisen ist zudem zweifach positiv geladen: **Hexacyanidoferrat(II)**
3. Komplexe können auch Bestandteil von Salzen sein. Ist der Komplex das Kation, also positiv geladen, steht er vorne, andernfalls wird der Name nachgestellt. Nehmen wir an unser Komplex liegt in einem Salz vor: **$K_4[Fe(CN)_6]$** Da der Metallkomplex in diesem Fall aufgrund seiner negativen Ladung das Anion sein muss, nennen wir ihn zuletzt: **Kaliumhexacyanidoferrat(II)**

Tab. 3.1 Wichtige Liganden von Metallkomplexen

Neutrale Liganden		
Formel	Name der „normalen" Verbindung	Name als Ligand
NH_3	Ammoniak	Ammin
H_2O	Wasser	Aqua
CO	Kohlenstoffmonoxid	Carbonyl
Anionische Liganden		
Formel	Name der „normalen" Verbindung	Name als Ligand
Br^-	Bromid	Bromid**o**
Cl^-	Chlorid	Chlorid**o**
OH^-	Hydroxid	Hydroxid**o**
CN^-	Cyanid	Cyanid**o**
SCN^-	Thiocyanat	Thiocyanat**o**

FÜR DIE KLAUSUR

Je nach Universität sind Metallkomplexe und insbesondere deren Nomenklatur im Chemiepraktikum unterschiedlich wichtig. Wenn euch die Nomenklatur Probleme bereitet und ihr sehr viel Zeit investieren müsst, setzt euch besser zunächst mit anderen Themen auseinander.
Da die Koordinationszahlen von Zentralteilchen variieren, ist es nicht sinnvoll, alle möglichen Koordinationszahlen für die gängigen Zentralteilchen auswendig zu lernen. Ihr werdet euch allerdings die Koordinationszahlen einiger Zentralteilchen in **biochemisch wichtigen Komplexen** merken müssen. Dazu aber später mehr.

3.4.4 Eigenschaften und Geometrie

Die Eigenschaften eines Komplexes **entsprechen nicht** unbedingt den Eigenschaften seiner Bestandteile. So können sich bei einer Komplexbildung etwa **Farbe, Löslichkeit** und **Redoxpotenzial** (was das ist, erfahrt ihr noch) verändern.

Die Anordnung der Atome in einem Komplex hängt von der Koordinationszahl (KZ) ab. Grundsätzlich ist auch hier das Bestreben der Liganden nach **größtmöglichem Abstand** zueinander erkennbar.

So ergibt sich für die **KZ = 2** eine **lineare Anordnung.**

Für die **KZ = 4** ist die euch bereits bekannte **tetraedrische Struktur** am häufigsten. Allerdings kann es hier auch vorkommen, dass die Atome nicht alle Raumrichtungen ausnutzen und sich **quadratisch-planer,** also in einer Ebene, anordnen.

Ist die **KZ = 6,** kommen ebenfalls mehrere Anordnungen infrage. Die wichtigste ist dabei das **Oktaeder,** während trigonale Prismen und Antiprismen nur von geringer Bedeutung sind.

Selbstverständlich gibt es neben den Koordinationszahlen 2, 4 und 6 auch noch andere, diese sind aber weit weniger häufig.

Die **Koordinationszahl** eines Zentralteilchens kann, abhängig von den Liganden mit denen es einen Komplex bildet, **variieren** (➤ Abb. 3.10).

Tab. 3.2 Wichtige chemische Präfixe und Merkhilfen

1	Mono	
2	Di	
3	Tri	Triangel mit 3 Ecken
4	Tetra	Tetraeder
5	Penta	Pentagramm mit 5 Ecken
6	Hexa	siX
7	Hepta	
8	Octa	Octopus
9	Nona	Neun
10	Deca	Dezimeter = ⅒ Meter

3.4.5 Chelatkomplexe

Neben den Liganden, die nur eine Bindung zum Zentralteilchen ausbilden, gibt es auch solche, die mehrere Bindungen mit dem Zentralteilchen eingehen. Man bezeichnet sie als **Chelatoren.** Die wichtigsten solltet ihr kennen.

In Metallkomplexen, an denen Chelatoren beteiligt sind, bilden die Liganden fünf- oder sechseckige Ringe, sodass ihr schon, ohne euch genau mit der Strukturformel zu befassen, allein durch deren Form zumindest den Charakter der Liganden erahnen könnt.

Ein wichtiger und äußerst prüfungsrelevanter Chelator ist **EDTA.** Er kann **6 Bindungen** ausbilden und trägt dabei vier negative Ladungen. Da er u. a.

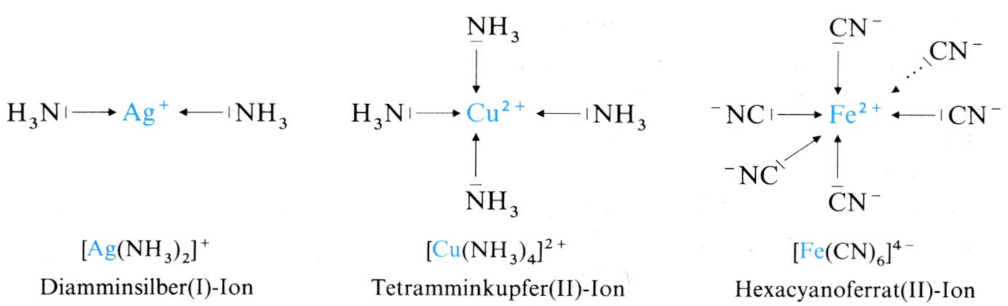

Abb. 3.10 Drei Komplexe mit verschiedenen Koordinationszahlen

mit zweiwertige Kationen (Ca^{2+}, Mg^{2+}) Komplexe bildet, kann er unter anderem zur Verhinderung der Gerinnung von Blutproben (Antikoagulation) verwendet werden, da dafür Calcium-Ionen notwendig sind.

FÜR AHNUNGSLOSE

Warum wird EDTA nur **in vitro** (also im Reagenzglas) und nicht in vivo (im Organismus) zur Antikoagulation eingesetzt? Weil zweiwertige Kationen nicht nur bei der Blutgerinnung wichtig sind. So kann etwa ATP, die Energiegewährung der Zelle, nur genutzt werden, wenn es an Mg^{2+} gebunden ist. Große Mengen EDTA hätten also weitreichendere Folgen, als man in Kauf nehmen kann.

FÜR DIE KLAUSUR

Insbesondere für mündliche Prüfungen sollte man – um peinliche Wissenslücken zu vermeiden – wissen, wofür die Abkürzungen stehen, die man benutzt. In diesem Sinne: EDTA = **E**thylen**d**iamin**t**etra**a**cetat

Ein weiterer Ligand, der sogar in vivo zur Therapie von Schwermetallvergiftungen eingesetzt werden kann (da er die Metall-Ionen bindet), ist das **Dithioglycerin (Dimercaprol).** Eine Übersicht über wichtige Metallkomplexe inkl. Zentralionen bietet die folgende Tabelle.

Ein sehr wichtiger Metallkomplex ist das Hämoglobin, auf das in der Biochemie genauer eingegangen werden soll. Man könnte sich allerdings schon mal merken, dass im Hämoglobin ein vierzähniger Chelator namens **Porphyrin** vorliegt.

FÜR AHNUNGSLOSE

Wie kann es sein, dass das Porphyrin nur vierzähnig ist, während das Zentralion im Hämoglobin die Koordinationszahl 6 hat? Eine Bindung muss für den zu transportierenden Sauerstoff freibleiben und mit der anderen ist die Hämgruppe (Eisen + Liganden) in das Protein (Globin) eingebaut. Dieser Einbau erfolgt über einen **Imidazolrest** der Aminosäure Histidin. Im ähnlich aufgebauten Cobalamin ist stattdessen ein **Benzimidazolrest** gebunden. Hier heißt der vierzähnige Ligand übrigens **Corrin.**

3.4.6 Ligandenaustauschreaktionen

Bei Ligandenaustauschreaktionen reagiert ein Metallkomplex mit anderen Stoffen, die die Liganden

Tab. 3.3 Wichtige Komplexe und Zentralionen

Metall-Ion	Koordinationszahl	Beispiel
Mg^{2+}	6	Chlorophyll
Ca^{2+}	6	Im Komplex mit EDTA
$Fe^{2+/3+}$	6	Hämoglobin
$Co^{2+/3+}$	6	Cobalamin
Cu^{2+}	4	Im Komplex mit D-Penicillamin
Zn^{2+}	4	Alkoholdehydrogenase, Carboanhydrase

ganz oder teilweise ersetzen. An sich recht simpel – man sollte allerdings darauf achten, dass sich die Ladung des Komplexes abhängig von der Ladung der Liganden ändern kann.

$$[Cu(H_2o)_6]^{2+} EDTA^{4-} \rightarrow [Ca\,(EDTA)]^{2-} + 6H_2o$$

3.5 Übungen

	Metalle		Salze	
	Ja	Nein	Ja	Nein
Leiten im festen Zustand Strom				
Bestehen aus Atomen mit ähnlicher Elektronegativität				
Sind plastisch verformbar				
Bestehen aus Anionen und Kationen				
Bilden eine gitterartige Struktur aus				

1. Nenne die Summenformel für: Aluminiumfluorid, Calciumoxid, Kupfer(II)-Chlorid
2. Welche Aussage trifft nicht zu?

a. Schmelzen von Salzen leiten den elektrischen Strom.
b. Metalle leiten im festen Zustand den elektrischen Strom.
c. In einem Salz geben einige Atome Elektronen ab, während andere Elektronen aufnehmen.
d. In einem Metall geben einige Atome Elektronen ab, während andere Elektronen aufnehmen.
e. Aluminium bildet Al^{3+}-Ionen.

3. Welche Aussage trifft zu?
   a. Atome einer Doppelbindung sind drehbar.
   b. Bei einer Einfachbindung ist der Bindungsabstand geringer als bei einer Dreifachbindung.
   c. Das Wassermolekül ist linear gebaut.
   d. σ-Bindungen entstehen aus p-Orbitalen.
   e. Zum Spalten einer Doppelbindung muss mehr Energie aufgewandt werden, als man zum Spalten einer Einfachbindung benötigen würde.
4. Welche Aussage trifft nicht zu?
   a. Bei der Atombindung ist die Differenz der Elektronegativitäten der beteiligten Komponenten kleiner als bei der Ionenbindung.
   b. Neon liegt bevorzugt zweiatomig vor.
   c. Ein Molekül mit einer Dreifachbindung ist linear.
   d. Doppelt besetzte Orbitale können keine Molekülorbitale bilden.
   e. Sauerstoff liegt bevorzugt zweiatomig vor.
5. Welche Aussage trifft nicht zu?
   a. Das Zentralion in einem Metallkomplex ist in der Regel eine Lewis-Säure.
   b. Hat ein Teilchen eine Elektronenlücke, reagiert es in der Regel als Lewis-Säure.
   c. Liganden in einem Metallkomplex sind in der Regel Lewis-Säuren.
   d. Lewis-Säure = Elektronenakzeptor
   e. Lewis-Base = Elektronendonator
6. Warum haben im Ammoniak nicht alle Elektronenpaare den gleichen Bindungswinkel?

FÜR DIE KLAUSUR

Wenn ihr bei einer Frage absolut keine Ahnung habt, sucht euch Antwortmöglichkeiten, die einander widersprechen. Eine der beiden Antworten sollte richtig sein. Somit erhöht ihr eure Chance beim Raten auf 50 %!

KAPITEL

4 Intermolekulare Kräfte

Ihr wisst nun, wie in einem Molekül, z. B. Wasser, die Atome zusammenhalten. Allerdings liegen Wassermoleküle in der Regel auch nicht einzeln vor, sondern lagern sich mit anderen Wassermolekülen zusammen, sodass wir sie auch mit bloßem Auge erkennen können. Die dafür verantwortlichen Kräfte wirken zwischen den Molekülen und werden deshalb als **intermolekular** bezeichnet. Obwohl sie weit weniger stark sind als die Atombindungen innerhalb eines Moleküls, sind sie für die Eigenschaften von Verbindungen aus Nichtmetallen von großer Bedeutung.

Man sollte allerdings bedenken: Die hier als intermolekulare Kräfte aufgeführte Bindungen können auch innerhalb eines großen Moleküls, also intramolekular, vorkommen. Dabei beeinflussen sie vor allem die Struktur des Moleküls, während die Atombindungen dessen Zusammenhalt sichern.

FÜR AHNUNGSLOSE

Wie sieht es mit intermolekularen Kräften bei Metallen und Salzen aus? Metalle und Salze bilden keine Moleküle! Der Zusammenhalt eines Metallblechs oder des Kochsalzes in eurer Küche kommt zustande, da beide aus geladenen Teilchen bestehen (Atomrümpfe/Elektronengas bzw. Ionen), die sich gegenseitig anziehen.

4.1 Dipole

Wenn zwei Fluor-Moleküle eine Atombindung eingehen, beanspruchen beide Atome das bindende Elektronenpaar gleichermaßen für sich, da sie die **gleiche Elektronegativität** haben. Es liegt keine ungleiche Ladungsverteilung vor, sodass man von einem **unpolaren** Molekül spricht. Dies ist auch dann der Fall, wenn sich die **Elektronegativitäten nur wenig unterscheiden.** Ihr solltet euch merken, dass dies bei der Bindung zwischen **Kohlenstoff** (EN 2,5) und **Wasserstoff** (EN 2,0) der Fall ist.

Unterscheiden sich die Elektronegativitäten stark wie etwa beim **Fluorwasserstoff** (HF), wird das bindende Elektronenpaar stark in Richtung des Fluratoms und damit vom Wasserstoff weggezogen. Da die Elektronen negativ geladen sind, ist das Molekül auf der Seite des Fluors nun stärker negativ, auf der Seite des Wasserstoffs eher positiv geladen. Man spricht von positiven und negativen **Partialladungen** und kennzeichnet sie mit $\delta+$ und $\delta-$. Moleküle mit zwei Ladungsschwerpunkten bezeichnet man als **Dipol.** Da in unserem Beispiel (wie auch bei allen anderen Halogenwasserstoffen, also HCl etc.) die Ladungsverschiebung von Dauer ist, spricht man hier von einem **permanenten Dipol** (➤ Abb. 4.1).

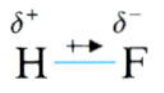

Abb. 4.1 Fluorwasserstoff mit Partialladungen

Dementsprechend gibt es auch **temporäre Dipole.** Sie entstehen, da die Elektronen ständig in Bewegung sind, sodass es unvermeidlich ist, dass sich irgendwann in einem Teil des Moleküls mehr negative Ladungen befinden als in einem anderen. Merkt euch, dass es deshalb auch in unpolaren Molekülen (etwa solchen, die nur aus H und C bestehen) zur Ausbildung von Zwischenmolekularen Kräften kommen kann, die auf Wechselwirkungen zwischen Dipolen beruhen.

Zudem kann ein Dipolmolekül in einem anderen Molekül einen Dipol **induzieren,** indem es z. B. die Elektronen des benachbarten Moleküls zu seinem positiven Ladungsschwerpunkt zieht.

4.2 Van-der-Waals-Kräfte

Ungleichnamige Ladungen ziehen sich an. Dementsprechend werden sich die Partialladungen von benachbarten Fluorwasserstoff-Molekülen anziehen, und damit dafür sorgen, dass die beiden Moleküle zueinander hingezogen werden.

Auch wenn ein Molekül an sich unpolar ist, können sich **Van-der-Waals-Kräfte aufgrund von temporären Dipolen** ausbilden. Da sich in einem großen Molekül mehr temporäre Dipole ausbilden können als in einem kleinen, sind die VdW-Kräfte zwischen Propan-Molekülen stärker als zwischen Ethan-Molekülen und **nehmen grundsätzlich mit zunehmender Kettenlänge der C-Atome zu** (➤ Abb. 4.2).

Die Van-der-Waals-Kräfte lassen sich noch weiter unterteilen, je nachdem, ob Kräfte zwischen permanenten, temporären oder induzierten Dipolen vorliegen. Van-der-Waals-Kräfte gehören mit einer Bindungsenergie von **10 kJ/mol** zu den schwachen Bindungen.

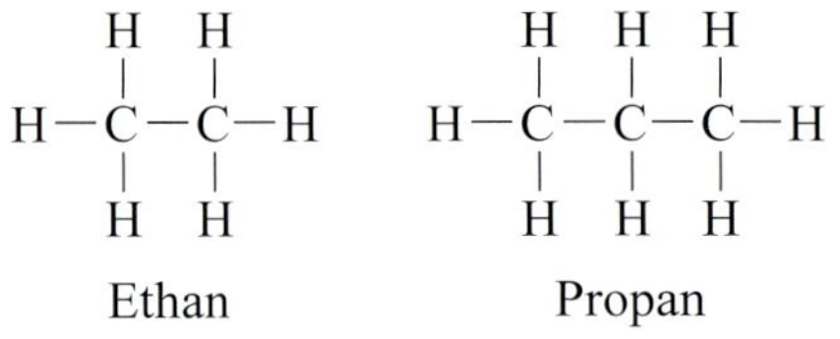

Abb. 4.2 Ethan und Propan

4.3 Wasserstoffbrückenbindungen

Da Wasserstoffbrücken in der Biochemie etwa bei der Basenpaarung in der DNA oder bei der Struktur von Proteinen eine wichtige Rolle spielen, lohnt es sich für euch, ihre Entstehung nachzuvollziehen.

Da Wasserstoff eine für ein Nichtmetall sehr geringe Elektronegativität hat, wird ihm das bindende Elektronenpaar in einer Atombindung etwa mit **Sauerstoff, Fluor** oder **Stickstoff** fast völlig entzogen. Das H-Atom ist nun stark positiviert und zieht deshalb negative Ladungen an. Dies gilt besonders für **freie Elektronenpaare** sowohl innerhalb des eigenen als auch in benachbarten Molekülen. Das positivierte H-Atom wird als **Wasserstoffbrücken-Donor** bezeichnet, während man das Atom mit dem freien Elektronenpaar **Wasserstoffbrücken-Akzeptor** nennt (➤ Abb. 4.3).

Wasserstoffbrücken sind mit einer Bindungsenergie von **40 kJ/mol stärker als Van-der-Waals-Kräfte,** aber **schwächer als kovalente bzw. Atombindungen.**

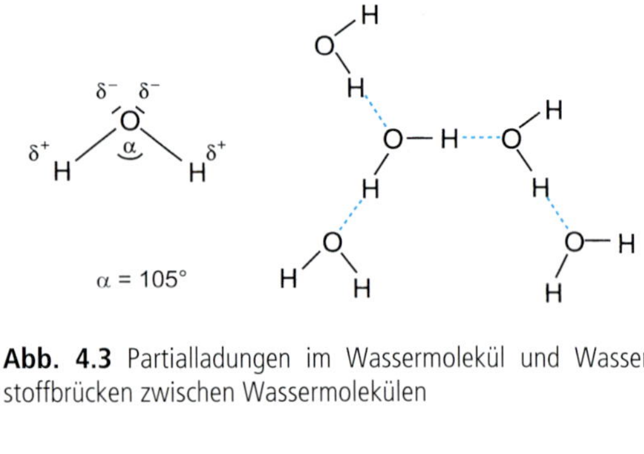

Abb. 4.3 Partialladungen im Wassermolekül und Wasserstoffbrücken zwischen Wassermolekülen

MERKE
Die Begriffe **Donor** (lat. donare = spenden) und **Akzeptor** sind in der Chemie weit verbreitet.

4.4 Hydrophobe Wechselwirkungen

Aus dem Alltag weiß man, dass sich Öl und Wasser nicht mischen. Dass dies so ist, lässt sich durch einen der Grundsätze erklären, der für den weiteren Verlauf eures Medizinstudiums essenziell sein wird:

MERKE
Gleiches löst sich in Gleichem!

Das heißt: Polare Substanzen, wie z. B. Wasser, lösen sich in anderen polaren Substanzen, wohingegen sich unpolare Stoffe in anderen unpolaren Stoffen lösen.

Geraten unpolare Stoffe jedoch in ein polares Lösungsmittel oder umgekehrt, so lagern sich diese zusammen, sodass nur ein geringer Teil der unpolaren Moleküle mit dem polaren Lösungsmittel in Kontakt tritt.

FÜR AHNUNGSLOSE
Ihr solltet einfach an einen Tropfen Öl in Wasser denken, um euch dieses Prinzip zu verdeutlichen.

Diesem Verhalten liegen Intermolekulare Kräfte zugrunde, die **hydrophoben Wechselwirkungen.** Die Bindungsenergie einer solchen Bindung liegt mit rund **10 kJ/mol** etwa auf dem Niveau der Van-der-Waals-Kräfte. Auch hydrophobe Wechselwirkungen können innerhalb von Molekülen vorkommen, und zwar dann, wenn diese so groß sind, dass es in ihnen polare wie auch umpolare Bereiche gibt.

4.5 Übungen

1. Welche Aussage trifft nicht zu?
   a. Verbindungen aus Kohlenstoff und Wasserstoff bilden häufig Wasserstoffbrücken.
   b. Van-der-Waals-Kräfte sind bei großen Molekülen tendenziell stärker ausgeprägt.
   c. Auch bei an sich unpolaren Molekülen können Dipole auftreten.
   d. Wasserstoffbrückenbindungen sind schwächer als kovalente Bindungen.
   e. Ein permanenter Dipol-Molekül entsteht durch unterschiedliche Elektronegativitäten der Bindungspartner.

FÜR DIE KLAUSUR
Phrasen wie „in der Regel“, „meistens“ und „selten“ signalisieren oft zutreffende Antworten, da sie juristische Sicherheit bieten. Wenn eine Frage Formulierungen wie „ausschließlich“, „nie“ oder „immer“ enthält, muss man als Student nur ein Gegenbeispiel vorbringen können und könnte die Physikumsfrage anfechten! Deswegen sind Antworten, die diese **„harten“ Formulierungen** enthalten, **meistens nicht zutreffend. Dies muss allerdings nicht zwangsläufig der Fall sein.**

2. Welche Aussage trifft zu?
   a. Hydrophobe Wechselwirkungen sind stärker als Wasserstoffbrücken.
   b. Mit zunehmender Kettenlänge nehmen Van-der-Waals-Kräfte ab.
   c. Eine polare Substanz wie Ethanol löst sich in Wasser.
   d. Hydrophobe Wechselwirkungen können nur innerhalb eines Moleküls entstehen.
   e. Die Elektronegativitäten von Wasser- und Kohlenstoff unterscheiden sich sehr stark.

KAPITEL

5 Aggregatzustände und Teilchenbewegungen

Die drei klassischen Aggregatzustände **fest, flüssig** und **gasförmig** kennt ihr aus dem Alltag. Diese lassen sich mit dem Wissen, das ihr im Verlauf der vorhergehenden Kapitel erworben hat, gut erklären. Merkt euch, dass ein Stoff grundsätzlich alle Aggregatzustände annehmen kann, auch wenn, um etwa gasförmiges Eisen zu erzeugen, enorme Temperaturen notwendig sind.

Exkurs: Temperatur

In den Naturwissenschaften wird die Temperatur meistens in **Kelvin (K)** und nicht in **Grad-Celsius (°C)** angegeben. Bei Formeln in der Physik **müsst** ihr die Angaben in Kelvin einsetzen, um korrekte Ergebnisse zu erhalten. Warum verwendet man nicht die geläufigere Einheit?

Ihr hört im Wetterbericht, dass es nächste Woche 30 °C warm werden soll. Wenn die Temperatur diese Woche nur 15 °C beträgt, könnte man versucht sein zu sagen, dass es nächste Woche „doppelt so warm" wird. Das würde stimmen, wenn der **absolute Nullpunkt,** also die tiefstmögliche Temperatur bei 0 °C liegen würde. Tatsächlich liegt er aber bei ca. –273 °C. Man hat also die Kelvin-Skala geschaffen und den absoluten Nullpunkt als 0 Kelvin definiert. Um die Angelegenheit zu vereinfachen, entspricht aber eine Temperaturänderung um 1 °C auch einer Änderung um 1 Kelvin. Das erleichtert euch die Umrechnung immens: Wenn ihr von °C in Kelvin umrechnen wollt, müsst ihr einfach 273 auf die Angabe in °C addieren. Umgekehrt müsst ihr beim Umrechnen in °C 273 abziehen.

5.1 Aggregatzustände und Übergange

Auch wenn wir es nicht sehen können: In einem Eisenblech sind die Atome in Bewegung. Sie bewegen sich dabei allerdings nicht frei, sondern haben ihren festen Platz, an dem sie zwar hin und her schwingen, aber ihre Position nicht grundlegend verändern. Dieser Bewegung liegt eine Energie zugrunde, die sich **kinetische Energie** nennt. Die kinetische Energie der Teilchen können wir als Temperatur wahrnehmen.

Wenn die kinetische Energie eines Teilchens gleich Null ist, finden auch keine Schwingungen mehr statt, der **absolute Nullpunkt** ist erreicht, da die Temperatur nicht weiter sinken kann. Schließlich sind keine „negativen" Schwingbewegungen möglich.

Warum haben die Teilchen in einem Feststoff feste Plätze? Das liegt daran, dass sie von unterschiedlichen Kräften in Position gehalten werden. In Metallen sind dies die elektrostatischen Anziehungskräfte zwischen Atomrümpfen und Elektronengas, in Salzen die Wechselwirkungen, die das Ionengitter verursachen und in molekularen Verbindungen sorgen die intermolekularen Wechselwirkungen für den Zusammenhalt.

Die Konsequenzen können wir mit bloßem Auge erkennen:

Da „kaum Platz" zwischen den Molekülen ist, lassen sich Feststoffe **nicht komprimieren.** Außerdem ist bei einem Feststoff die **Form definiert.** Während sich Flüssigkeiten und Gase, wenn man sie von einem Behälter in einen anderen füllt, anpassen, hat ein Eisenblech immer dieselbe Form – egal ob in eurer Badewanne oder auf eurem Schreibtisch.

FÜR DIE KLAUSUR

In der Medizin verwendet man **makroskopisch** als Synonym für **„mit bloßem Auge"**, wobei diese Definition nicht zwingend für Physik und Chemie gilt.

Erhöhen wir nun die Temperatur unseres Feststoffes, schwingen die Teilchen stärker, bleiben aber nach wie vor an ihrem Platz. Erst wenn die kinetische Energie, die sich in den Schwingungen äußert, stark genug ist, um die **Anziehungskräfte zu überwinden,** haben die Teilchen keine festen Plätze mehr und der Stoff wird flüssig, er **schmilzt.** Umgekehrt bezeichnet man den Übergang eines Stoffes vom flüssigen in den festen Zustand als **Erstarren** oder **Gefrieren.**

In flüssigen Stoffen können die Teilchen aneinander vorbeigleiten, dementsprechend ist die **Form nicht definiert.** Da die Anziehungskräfte die Teilchen aber noch eng beieinanderhalten, sind auch Flüssigkeiten **quasi nicht komprimierbar.** Erst bei weiterem Erwärmen lösen sich die Teilchen voneinander. Die Flüssigkeit wird gasförmig, sie **siedet.** Der Übergang eines Gases in den flüssigen Zustand wird als **Kondensation** bezeichnet.

Gase besitzen **keine definierte Form** und haben kein definiertes Volumen (passen sich ihrem Behältnis an). Sie sind folglich auch **komprimierbar.** Die Anziehungskräfte zwischen den Teilchen sind überwunden. Da sich sowohl in Flüssigkeiten als auch in Gasen die Teilchen ohne festen Platz bewegen können, spricht man hier von einer **brownschen Molekularbewegung.** Gase können zudem auch direkt aus Feststoffen entstehen. Dies ist bei Normaldruck etwa beim CO_2 der Fall. Man nennt diesen Vorgang **Sublimation.** Um ihn beim Wasser beobachten zu können, muss man den Druck stark reduzieren (➤ Abb. 5.1).

FÜR AHNUNGSLOSE

Was hat denn jetzt der Druck mit den Aggregatzuständen zu tun? Wenn ein Feststoff flüssig werden will, muss er die Anziehungskräfte, die seine Atome oder Moleküle zusammenhalten, überwinden. Ein hoher Druck bewirkt, dass die Teilchen auch von außen „zusammengepresst" werden, sodass noch mehr Energie notwendig ist. Deshalb kann man Wasser unter reduziertem Druck schon bei wesentlich geringerer Wärmezufuhr als auf dem heimischen Herd zum Sieden bringen.

5.2 Folgen für die Chemie

Die Aggregatzustände werden euch in der Physik noch detaillierter beschäftigen. Für die Chemie ist eine Erkenntnis wichtig: Die Anziehungskräfte zwischen den Bestandteilen eines Feststoffes müssen teilweise oder ganz überwunden werden, um ihn zum Schmelzen oder Sieden zu bringen. Bei Stoffen, in denen diese **Kräfte stark ausgeprägt** sind, brauchen wir viel Energie, um diese zu überwinden, was sich in **höheren Schmelz- und Siedetemperaturen** äußert. Deshalb können wir, wenn uns etwa eine Strukturformel Informationen über intermolekulare Kräfte liefert, Aussagen über die Schmelzpunkte

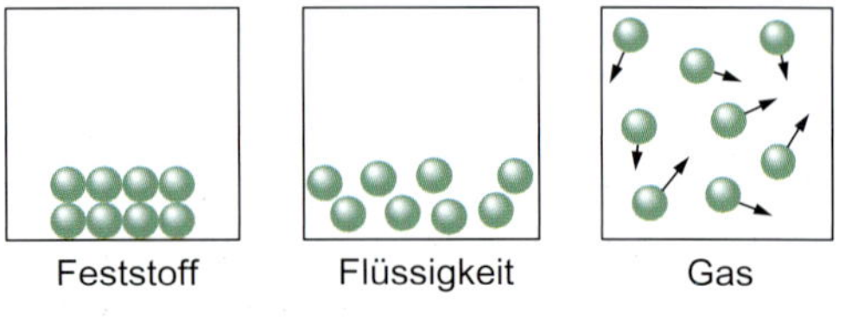

Abb. 5.1 Die drei Aggregatzustände

treffen. So haben etwa **langkettige Kohlenwasserstoffverbindungen** aufgrund der **stärkeren Van-der-Waals-Kräfte** einen **höheren Schmelzpunkt** als kurzkettige. Verbindungen, die **Wasserstoffbrückenbindungen** ausbilden, haben **grundsätzlich höhere Schmelztemperaturen** als solche, in denen nur die schwächeren Van-der-Waals-Kräfte wirken. Ab einer gewissen Molekülgröße relativiert sich jedoch dieses Phänomen, da dann die Van-der-Waals-Kräfte stärker werden.

Die Eigenschaft, dass Wasser als Molekül mit geringer Masse **bei Raumtemperatur flüssig** (und nicht gasförmig) ist, lässt sich auf die **Ausbildung von Wasserstoffbrücken** zurückführen.

Verbindungen, die ausschließlich aus kleinen geladenen Teilchen bestehen (wie etwa **Salze**), haben aufgrund der im Vergleich zur Teilchenmasse starken Anziehungskräfte **hohe Schmelzpunkte.**

5.3 Diffusion und Osmose

Wir haben bereits gelernt, dass Moleküle und Atome schwingen und sich in Flüssigkeiten und Gasen sogar frei bewegen können. Da ein Molekül normalerweise nicht allein in einem Behälter ist, stößt es dabei oft mit anderen Molekülen zusammen, was zu einer Richtungsänderung beider Kollisionspartner führt. Die Bewegungen der Teilchen sind dabei völlig ungerichtet.

Stellen wir uns nun einen Behälter mit Wasser vor. Auf der linken Seite tropfen wir 5 Farbstoffmoleküle ins Wasser auf der rechten Seite nur eins.

Die Farbstoffmoleküle werden sich auch jetzt ohne Richtung bewegen und aneinanderstoßen, wie es ihnen gerade passt. Da aber 5 Moleküle auf der linken Seite sind, ist die Wahrscheinlichkeit, dass eines dieser Moleküle nach rechts wandert, 5-mal höher als die Chance, dass das Farbstoffmolekül von der rechten Seite den Weg nach links findet.

Die an sich ungerichtete Bewegung weist also doch, zumindest **statistisch,** eine Richtung auf – und zwar **vom Ort der hohen zum Ort der niedrigen Konzentration.** Diese Bewegung nennt man **Diffusion** und spricht von **diffundierenden Teilchen.** Die Diffusion an sich erfordert keine Energie, läuft also **passiv** ab. Sie kann aber genutzt werden, um Energie zu gewinnen, was die Zellen in unserem Körper auch fleißig machen.

FÜR AHNUNGSLOSE

Wie lässt sich mit Diffusion Energie erzeugen? Die Teilchen bewegen sich zumindest statistisch in eine Richtung, wie z. B. das Wasser, das durch ein Wasserkraftwerk fließt. Analog zum Wasserkraftwerk können auch Zellen mit einer Art Turbine bzw. Generator diese Energie speichern, was aber Gegenstand der Biochemie sein wird.

Stellen wir uns nun vor, dass wir es unseren Teilchen etwas schwerer machen: Auf der einen Seite des Gefäßes befinden sich nach wie vor mehr Farbstoffmoleküle als auf der andern. Diesmal machen wir es aber etwas interessanter und trennen die Gefäßhälften mit einer **selektivpermeablen Membran,** die nur die Wasser-, nicht aber die Farbstoffmoleküle passieren lässt (gelegentlich spricht man auch von semipermeablen Membranen).

Da in dem Gefäß trotzdem ein Konzentrationsausgleich stattfinden soll, wandern nun Wassermoleküle von dort, wo die Konzentration an Farbstoff niedriger ist (der **hypotonen** Seite), auf die andere (**hypertone**) Seite. Diesen Prozess bezeichnet man als **Osmose** (➤ Abb. 5.2)

Da durch das einströmende Wasser der Druck in der Gefäßhälfte, in der die Konzentration an gelösten Teilchen zu Anfang höher ist, zunehmen wird, kann man auch sagen, dass auf dieser Seite ein **höherer osmotischer Druck** herrscht. Da sich mit steigender Temperatur die Teilchen mehr bewegen und damit stärker auf die Gefäßwände stoßen, steigt auch der osmotische Druck.

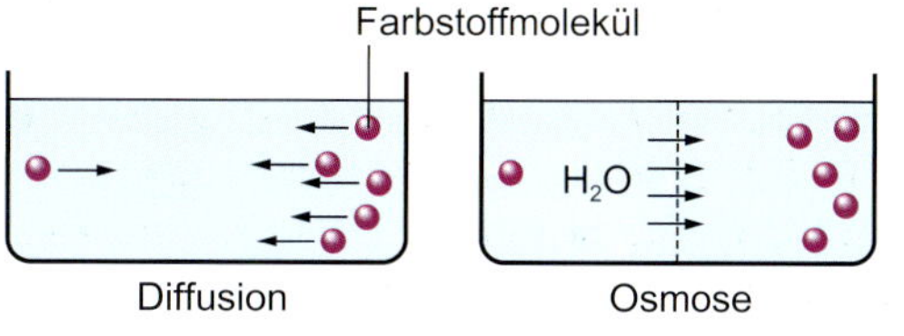

Abb. 5.2 Veranschaulichung von Diffusion und Osmose

5

FÜR AHNUNGSLOSE

Ist die Beziehung zwischen osmotischem Druck und Temperatur wirklich so simpel? Zur besseren Veranschaulichung ist es manchmal hilfreich, Zusammenhänge etwas zu vereinfachen, so wie es hier geschehen ist. Interessierte dürfen sich darauf freuen, ihr Wissen in den Physikpraktika vertiefen zu können!

Zum osmotischen Druck können natürlich nur Teilchen beitragen, die die Membran nicht passieren können. Man bezeichnet diese dann als **osmotisch wirksame Teilchen.** Wenn Teilchen die Membran einfach überwinden können, findet ganz normaler Konzentrationsausgleich via Diffusion statt.

Ein Begriff, den ihr für das Physikum noch kennen solltet, ist das **Donnan-Gleichgewicht.** Stellt euch vor, dass statt Farbstoffmolekülen Ionen in unserem Gefäß mit der selektivpermeablen Membran vorliegen. Einige dieser Ionen können nun unsere Membran überwinden, andere sind dagegen zu groß. Die beweglichen Ionen werden nun versuchen, unterschiedliche Ladungen und Konzentrationen auszugleichen, um ein Gleichgewicht herzustellen. Eine tiefgreifende Auseinandersetzung mit dem Thema kann man sich sparen, wenn man vor allem verinnerlicht, dass **im Gleichgewicht das Produkt der Konzentrationen von beweglichen Anionen und Kationen intra- und extrazellulär gleich** ist:

$$c(\text{Kation}_{\text{extrazellulär}}) \times c(\text{Anion}_{\text{extrazellulär}}) = c(\text{Kation}_{\text{intrazellulär}}) \times c(\text{Anion}_{\text{intrazellulär}})$$

Das Gleichgewicht stellt sich mit zunehmender Temperatur schneller ein.

5.4 Übungen

1. Wie viel K entsprechen 100 °C?
2. Wie nennt man den Übergang vom festen in den gasförmigen Zustand?
3. Welche Aussage trifft zu?
   a. Flüssigkeiten lassen sich in der Regel gut durch Druck komprimieren.
   b. Der osmotische Druck hängt auch von der Größe der Teilchen ab.
   c. Der osmotische Druck ist temperaturabhängig.
   d. Unter hohem Druck sieden Stoffe leichter.
   e. Selektivpermeable Membranen lassen nur Ionen, aber kein Wasser passieren.

5

KAPITEL

6 Stoffumwandlungen

Eine wesentliche Grundlage der Chemie sind die chemischen Reaktionen, mit denen wir uns in diesem Kapitel beschäftigen wollen. Die Ausgangsstoffe einer chemischen Reaktion bezeichnet man als **Edukte,** während die entstehenden Stoffe **Produkte** genannt werden.

6.1 Reaktionsgleichungen

Chemische Reaktionen notiert man in Form einer Gleichung. Dabei stehen die Edukte auf der linken und die Produkte auf der rechten Seite des Reaktionspfeils. Auch als Mediziner sollten wir einfache Reaktionsgleichungen aufstellen können. Als Beispiel soll hier die Reaktion von Wasserstoff und Sauerstoff zu Wasser dienen:

Euch sollte bekannt sein, dass Wasserstoff und Sauerstoff zweiatomige Gase sind (➤ Kap. 3.3.1), und dass ein Wassermolekül aus zwei Wasserstoff- und einem Sauerstoffatom besteht. Ein erster Entwurf der Reaktionsgleichung müsste folglich lauten:

$$H_2 + O_2 \rightarrow H_2O$$

Dies verstößt allerdings gegen einen Grundsatz, der bei allen Reaktionen in geschlossenen Systemen zutrifft. Dieser besagt, dass **die Masse aller Edukte der Masse aller Produkte entspricht (Erhaltung der Masse).**

FÜR AHNUNGSLOSE

Was ist ein geschlossenes System? Ein geschlossenes System ist dadurch gekennzeichnet, dass Teilchen dieses System nicht verlassen können. Ein Austausch von Energie, etwa in Form von Wärme, ist allerdings möglich. Damit ist auch klar, dass in einem geschlossenen System Massenerhalt gelten muss. Die Teilchen werden sich schließlich nicht „in Luft auflösen."

Da dies hier nicht der Fall ist (links zwei Sauerstoffatome, rechts nur eins), müsst ihr die Reaktionsgleichung ausgleichen, indem ihr vor die Moleküle sogenannte **Koeffizienten** schreibt. Da man das Sauerstoffmolekül nicht einfach teilen kann, müsst ihr die Reaktionsgleichung so konstruieren, dass zwei Wassermoleküle entstehen, in denen sind schließlich ebenfalls zwei Sauerstoffatome enthalten. Man schreibt:

$$H_2 + O_2 \rightarrow 2H_2O$$

Da nun allerdings auf der Produktseite 4 Wasserstoffatome (2 × 2) stehen, benötigt ihr auch mehr Wasserstoffmoleküle:

$$2H_2 + O_2 \rightarrow 2H_2O$$

Ein weiterer Grundsatz bei chemischen Reaktionen besagt, dass **die Ladung der Edukte identisch mit der Ladung der Produkte ist (Erhalt der Ladung).** Dies wird z. B. dann relevant, wenn geladene Teilchen (Ionen) reagieren:

$$Na^{+} + Cl^{-} \rightarrow NaCl$$

Man sieht: Ein Edukt ist positiv geladen, während das andere Edukt negativ geladen ist. Addiert man die Ladungen erhält man:

$$(+1) + (-1) = 0$$

Die Summe der Ladung der Produkte ist ebenfalls null (NaCl ist ungeladen), sodass der Ladungserhalt erfüllt ist.

Übrigens: Teilchen, die nach einer chemischen Reaktion unverändert aus ihr hervorgehen, haben nicht an ihr teilgenommen und werden in der Regel auch nicht in der Reaktionsgleichung erwähnt. Dies gilt z. B. für das Lösungsmittel, in dem eine Reaktion stattfindet. Die meisten für Mediziner relevanten chemischen Reaktionen laufen im wässrigen Milieu der Zelle ab.

6.2 Stöchiometrie

In der Realität lasst ihr selbstverständlich nicht nur ein paar Moleküle miteinander reagieren. Damit ihr trotzdem wisst, welche Stoffmengen ihr einsetzen müsst, bedienen wir uns der Reaktionsgleichung, aus der wir diese – hoffentlich problemlos – herleiten können. Diese Berechnung nennt man Stöchiometrie.

Damit ihr wisst, wie so etwas abläuft, hier ein kleines Beispiel:

Wie viele Liter Wasserstoff (unter Normalbedingungen) braucht man, um 360 g Wasser zu synthetisieren?

Zunächst benötigt ihr die Summenformel von Wasser, die ihr hoffentlich kennt. Aus der Formel H_2O kann man nun mithilfe des Periodensystems die molare Masse ablesen.

1 mol Wasserstoff hat als Masse 1 g. 1 mol Sauerstoff hat als Masse 16 g. Da in 1 mol Wasser 2 mol Wasserstoffatome und 1 mol Sauerstoffatome enthalten sind, hat 1 mol Wasser eine Masse von 18 g/mol.

Nun müsst ihr eine kleine Gleichung aufstellen, um zu berechnen, wie viel Mol Wasser man eigentlich herstellen will. Das Ganze ist glücklicherweise recht einfach:

Wenn **1 mol Wasser** eine Masse von **18 g** hat, wie viel Mol haben dann eine Masse von **360 g?**

$$\frac{1\ \text{mol}}{x} = \frac{18\ \text{g}}{360\ \text{g}}$$

Nun müsst ihr nur noch nach *x* Auflösen und erhaltet als Lösung: 20 **mol.**

Ein beliebter Fehler ist es, zu glauben, dass man nun 40 mol Wasserstoff bräuchte, da ja in einem Molekül Wasser zwei H-Atome zu finden sind. Ihr solltet aber wissen, dass Wasserstoff ein zweiatomiges Gas ist, sodass man eben doch nur 20 mol Wasserstoff braucht.

Man kann auch einfach die Koeffizienten der Reaktionsgleichung betrachten:

$$\mathbf{2}H_2 + O_2 \rightarrow \mathbf{2}H_2O$$

Da diese für Wasserstoff und für Sauerstoff gleich sind (beide 2), kann man davon ausgehen, dass man mit 20 mol Wasserstoff auch 20 mol Wasser erhält.

Wie kann man nun das Ergebnis in Litern angeben? Die Antwort findet sich im ➤ Exkurs: Das Mol: Ein Mol eines idealen Gases entspricht 22,4 L. Also braucht man 20 × 22,4 L H_2.

Die Reaktion von Wasserstoff und Sauerstoff zu Wasser heißt übrigens **Knallgasreaktion.**

LERNTIPP

Aufgaben, in denen man die 22,4-Liter-Regel anwenden muss, verraten sich oft dadurch, dass in der Aufgabenstellung steht, man solle annehmen, dass sich Gas X wie ein ideales Gas verhalte, oder dass Normalbedingungen herrschen.

Exkurs: Konzentration

Gerade in der Biochemie rechnet man oftmals mit Konzentrationen statt mit absoluten Stoffmengen. Man gibt mit einer Konzentration an, wie viel Gramm, Mol oder Milliliter eines Stoffes in einem bestimmten Volumen des Lösungsmittels gelöst sind.

Löst man z. B. 1 g Zucker in 10 L Wasser, hat die Lösung die Zuckerkonzentration 0,1 g/L. Die simple Formel lautet:

$$C = m/V$$

C = Konzentration, m = Masse, V = Volumen

Um sicherzustellen, dass ihr euch nicht irrt, solltet ihr auch hier nachschauen, ob die Einheiten am Ende wirklich Gramm/Liter ergeben.

Löst man eine Flüssigkeit in einer anderen, kann das Ergebnis natürlich auch in ml/l angegeben werden.

Die häufigste Angabe ist allerdings mol/L. Eine Lösung mit der Konzentration von 1 mol/L wird auch 1-molar genannt. Eine Lösung von 2 mol/L bezeichnet man als 2-molar etc. Abgekürzt wird 1-molar als **1 M.**

6.3 Homogenes Gleichgewicht

Nehmen wir an, dass wir eine chemische Reaktion durchführen wollen, bei der zwei Stoffe A und B (die Edukte) zu zwei anderen Stoffen C und D reagieren sollen. Die ganze Reaktion findet in einem geschlossen System statt, sodass alle Edukte und Produkte an Ort und Stelle bleiben. Warum das wichtig ist, erfahrt ihr später.

Wenn die Reaktion beginnt, werdet ihr sehen, dass in kurzer Zeit eine große Menge an Produkten entsteht, wobei natürlich auch eine entsprechend große Menge an Edukten verbraucht wird.

Nach einiger Zeit scheint es aber so, als wäre die Reaktion zum Erliegen gekommen, denn die Konzentrationen der Produkte und Edukte ändern sich nicht mehr. Dieser Eindruck täuscht allerdings, denn in Wirklichkeit entstehen aus den Edukten A und B nach wie vor die Produkte C und D. In gleichem Maß zerfallen aber auch die Produkte C und D wieder in die Edukte. Da diese beiden Reaktionen, die **Hinreaktion** und die **Rückreaktion, gleich schnell ablaufen,** entsteht der Eindruck, als sei die Reaktion zu Ende. Tatsächlich hat sich lediglich ein **Gleichgewicht** eingestellt. Da in diesem Gleichgewicht noch viel Bewegung vorhanden ist (die Reaktionen laufen schließlich noch immer ab), spricht man auch von einem **dynamischen Gleichgewicht.**

Außerdem ist es wichtig zu wissen: Eine Reaktion, die „in beide Richtungen" ablaufen kann, nennt man **reversibel. Das oben Gesagte gilt folglich nur für reversible Reaktionen.**

Bevor wir uns nun mit Begriffen wie Enthalpie oder Entropie herumschlagen, machen wir zunächst ein paar simple Überlegungen, mit denen man sich viel Auswendiglernen ersparen kann.

6.3.1 Prinzip von Le Chatelier

Unsere Beispielreaktion läuft in einem geschlossenen System ab. Würde sie in einem offenen System ablaufen und die Produkte wären Gase, die einfach so aus dem Reaktionsgefäß entweichen können, dann würde sich nämlich gar kein Gleichgewicht einstellen. Je mehr Gas entweicht, desto mehr Gas würde neu gebildet werden, bis die Edukte komplett verbraucht sind.

Wir sehen: Nehmen wir dem System Produkte weg, bildet es wieder mehr Produkte, solange bis sich wieder ein Gleichgewicht einstellt.

Dasselbe gilt, wenn wir wieder Edukte in das Reaktionsgefäß schütten, nachdem sich das Gleichgewicht eingestellt hat: Es wird mehr Produkt entstehen. Umgekehrt kann man auch Produkte zugeben, sodass vermehrt Edukte gebildet werden.

Dieses Phänomen nennt man **Prinzip vom kleinsten Zwang** oder auch **Prinzip von Le Chatelier.**

FÜR AHNUNGSLOSE

Können auch aus einem geschlossenen System Produkte „entfernt" werden? Gewissermaßen ja!
Wenn man nämlich dafür sorgt, dass die Produkte weiter reagieren, entfernt man quasi Produkte der ersten Reaktion und es werden mehr Edukte verbraucht. Dies ist ein Prinzip, das man sich in der Biochemie zunutze macht, wenn man will, dass eine Reaktion möglichst vollständig abläuft.

6

Wir üben auf das System einen Zwang aus (wir entfernen Produkte) und das System versucht die Auswirkungen dieses Zwangs zu minimieren (das System bildet mehr Produkte). Dieser Umstand ist allerdings nicht nur auf das Entfernen und Zugeben von Reaktionsteilnehmern beschränkt:

Nehmen wir an, wir befinden uns wieder in einem geschlossenen System und unsere Produkte C und D sind gasförmig, wohingegen die Edukte A und B flüssig sind. Üben wir nun Druck auf das System aus, indem wir den Behälter verkleinern, so wird sich das System auch diesem Zwang entziehen. Statt der Produkte C und D, die als Gase viel Platz benötigen, werden nun vermehrt die Edukte A und B gebildet, um der Druckerhöhung entgegenzuwirken.

Können wir das System noch mehr beeinflussen? Ja, denn die beiden Reaktionen unterscheiden sich auch hinsichtlich der Temperatur, bei der sie ablaufen. Angenommen, unsere Hinreaktion setzt Wärme frei (wie eine Verbrennung, auch **exotherme Reaktion** genannt), dann können wir daraus schließen, dass unsere Rückreaktion Wärme verbraucht **(endotherme Reaktion).** Erhöhen wir nun die Temperatur, wird verstärkt die Reaktion ablaufen, die Wärme verbraucht. Wenn die Rückreaktion Wärme verbraucht, entstehen folglich wieder mehr Edukte.

6

LERNTIPP

Am besten merkt ihr euch, dass das System zurück zu seinem Ausgangszustand gelangen will.

6.3.2 Massenwirkungsgesetz

Wäre es nicht praktisch, das Verhältnis von Edukten zu Produkten irgendwie quantifizierbar zu machen? Mit Sicherheit! Da die Konzentration der Edukte und die Konzentration der Produkte konstant ist, wenn sich das Gleichgewicht erst mal eingestellt hat, hat man eine Formel zur Berechnung eines Zahlenwertes, der sogenannten **Gleichgewichtskonstante** *K*, aufgestellt. Diese Formel wird **Massenwirkungsgesetz (MWG)** genannt. Aus diesem Zahlenwert kann man dann ablesen, ob bei einer Reaktion grundsätzlich in erster Linie die Produkte entstehen, das Gleichgewicht also auf der Produktseite liegt, oder ob die Reaktion kaum stattfindet, das Gleichgewicht also auf der Eduktseite liegt.

Wie macht man das?

In unserer Beispielreaktion entstehen nach wie vor aus den Edukten A und B die Produkte C und D.

$$A + B \rightleftharpoons D + C$$

Man **multipliziert nun die Konzentrationen der Produkte miteinander** und **dividiert** durch **die multiplizierten Konzentrationen der Edukte.**

FÜR DIE KLAUSUR

Hier lohnt es sich, die einzelnen Schritte nachzuvollziehen! Insbesondere sollte man sich merken, dass die **Produkte im Zähler** stehen, dann kann man sich viel herleiten.
Kleine Eselsbrücke im Hinblick auf zukünftige Prüfungen: Das Ergebnis (**Produkt**) ist alles was **zählt.**

MERKE

Man berechnet die **Produkte** (!) und nicht die Summen der Konzentrationen! Ein beliebter Fehler, der sich auch als Falschantwort anbietet.

$$K = \frac{[C] \times [D]}{[A] \times [B]}$$

Um ein Massenwirkungsgesetz aufstellen zu können, ist es unerlässlich, die Reaktionsgleichung zu kennen. Falls in einer Reaktion Koeffizienten vorkommen, muss man die Konzentration des jeweiligen Edukts oder Produkts hoch diesen Koeffizienten nehmen. Ein Beispiel sollte das veranschaulichen:

$$A + B \rightleftharpoons 2C + D$$

$$K = \frac{[C]^2 \times [D]}{[A] \times [B]}$$

Was bringt uns nun die Gleichgewichtskonstante?

Angenommen, bei der Reaktion liegen nach Einstellung des Gleichgewichtszustands die Edukte in genauso hoher Konzentration vor wie die Produkte. Im Zähler und im Nenner steht dann die gleiche Zahl und *K* ist folglich gleich 1.

Wenn das **Gleichgewicht stark auf der Produktseite** liegt, ist der Zähler unseres Bruchs groß und der Nenner klein. ***K* ist dann größer 1.** In der Biochemie bezeichnet man Reaktionen in unserem Körper, deren Gleichgewicht so stark auf der Produktseite liegt, dass die Konzentration der Edukte vernachlässigbar klein wird, sogar als **irreversibel.**

Wenn das **Gleichgewicht stark auf der Eduktseite** liegt, ist der Zähler unseres Bruches klein und der Nenner groß. ***K* ist dann kleiner 1.**

Eine Besonderheit von *K*: Sie ist **unabhängig von Konzentrationsänderungen.** Geben wir Edukte hinzu, wird das System in gleichem Maße verstärkt Produkte bilden (Le-Chatelier-Prinzip!). Nachdem sich das Gleichgewicht erneut eingestellt hat, stehen Zähler und Nenner wieder im selben Verhältnis zueinander.

Man muss allerdings, wenn man ein Massenwirkungsgesetz aufstellt, angeben, bei welcher Temperatur die Reaktion stattfindet. Zur Verdeutlichung:

Wenn sich ein Gleichgewicht in der Reaktion eingestellt hat und man die Temperatur erhöht, läuft verstärkt die endergone (wärmeverbrauchende) Reaktion ab. Wenn die Rückreaktion Wärme verbraucht, entstehen mehr Edukte. Entsprechend wird der Nenner größer und der Zähler kleiner und es ergibt sich eine neue Gleichgewichtskonstante. *K* ist folglich **temperaturabhängig.**

FÜR DIE KLAUSUR

K ist konstant, wenn sich ein Gleichgewicht eingestellt hat. Sie ist allerdings auch abhängig vom **Druck.** Ihr könnt diese Beziehung genau wie bei der Temperatur begründen, wenn ihr noch mal nachlest, wie sich Druckänderungen nach dem Prinzip von Le Chatelier auswirken.

Zu guter Letzt: Wie stellt man das MWG für **gekoppelte Reaktionen** auf, wenn also die Produkte direkt weiter reagieren?

Man muss die Gleichgewichtskonstanten miteinander **multiplizieren,** um die Gleichgewichtskonstante für die gesamte Reaktion zu erhalten.

$$[A] + [B] \rightleftharpoons [C] + [D] \rightleftharpoons [E] + [F]$$

$$K_{ges} = K_1 \times K_2 = \frac{[C] \times [D]}{[A] \times [B]} \times \frac{[E] \times [F]}{[C] \times [D]}$$

Aus der Gleichung erkennt man zudem, dass man die Konzentrationen der Zwischenprodukte noch nicht mal kennen muss, um K_{ges} zu ermitteln, da sich diese einfach kürzen lassen.

6.4 Heterogenes Gleichgewicht

Neben homogenen Gleichgewichten gibt es auch **heterogene Gleichgewichte.** Während bei homogenen Gleichgewichten die Reaktion in derselben sogenannten **Phase,** z. B. dem Lösungsmittel Wasser, stattfindet, zeichnen sich heterogene Stoffgemische durch das Vorhandensein verschiedener Phasen aus.

Viel Kompliziertes muss man hier als Mediziner erfreulicherweise nicht wissen.

FÜR AHNUNGSLOSE

Was sind eigentlich Phasen? Unterschiedliche Zustandsformen der Materie, die klar voneinander getrennt sind! Was kompliziert klingt ist eigentlich ganz einfach: Man muss sich nur ein heterogenes Gemisch wie Blut vorstellen (nachdem man es hat stehen lassen). Die schweren Bestandteile wandern nach unten und sind klar von den leichten getrennt. Hier habt ihr auch schon ein weiteres Merkmal von heterogenen Gemischen kennengelernt. Man kann sie mit **physikalischen Methoden,** wie etwa dem Ausüben einer Kraft (beim Blut macht dies die Schwerkraft), trennen, wohingegen man zum Spalten chemischer Verbindungen eine **chemische Reaktion** benötigt.

6.4.1 Stoffgemische

Einige wichtige Arten von Stoffgemischen sollte man kennen.

Stoffgemisch	Zusammensetzung
Gemenge	Feststoff + Feststoff (denkt an Sand und Kies)
Suspension	Feststoff + Flüssigkeit (denkt an die **Su**ppe, in der Nudeln schwimmen)
Emulsion	Flüssigkeit + Flüssigkeit (denkt an Öl in Wasser)
Aerosol	Flüssigkeit oder Feststoff + Gas (denkt an Nebel oder Rauch)

6.4.2 Nernst-Verteilungsgesetz

Da dieses Gesetz sehr prüfungsrelevant ist, sollte man jetzt gut aufpassen. Angenommen, eine Emul-

6

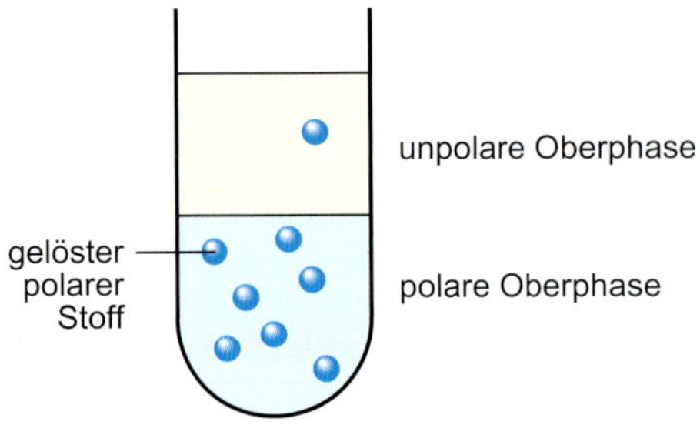

Abb. 6.1 Nernst-Verteilungsgesetz

sion besteht aus einem dichten polaren Stoff, z. B. Wasser, und einem weniger dichten unpolaren Stoff (das beliebteste Beispiel ist Diethylether). Wir haben gelernt, dass sich beide Substanzen nicht vermischen werden, sondern dass sich die dichtere Substanz am Boden des Gefäßes absetzen wird. Es entstehen folglich **zwei Phasen.** Gibt man nun eine Substanz in dieses Gefäß, wird sie sich, wenn sie selbst polar ist, eher im polaren Lösungsmittel (Wasser) lösen und weniger gut im unpolaren. Um diese Verteilung zu quantifizieren, hat man den **Verteilungskoeffzienten** eingeführt, der unglücklicherweise auch mit ***K*** abgekürzt wird. Ihr solltet euch in der Klausur also immer klarmachen, ob es sich bei *K* um die Gleichgewichtskonstante oder den Verteilungskoeffizienten handelt. Um ***K*** zu berechnen, muss man den Quotienten der Konzentration des Stoffes in der Oberphase und der Konzentration des Stoffes in der Unterphase berechnen (➤ Abb. 6.1).

$$K = [A]_{Oberphase}/[A]_{Unterphase}$$

Ist $K = 1$, löst sich der Stoff in beiden Phasen **gleich** gut, ist $K < 1$, löst er sich eher in der **Unterphase** und ist $K > 1$, löst sich der Stoff vor allem in der **Oberphase.**

6

LERNTIPP

Das, was **im Gefäß oben** schwimmt (Stoff in der Oberphase), steht auch **im Bruch oben** (im Zähler).
Außerdem: ***K*** (sowohl die Gleichgewichtskonstante als auch der Verteilungskoeffizient) steht in keinem Zusammenhang zur Geschwindigkeit, mit der sich ein Gleichgewicht oder eine Verteilung einstellt.

6.5 Übungen

1. Welche Aussage trifft zu?
   a. Im Gleichgewichtszustand findet keine Stoffumwandlung mehr statt.
   b. Indem man Produkte entfernt, veranlasst man die Reaktion dazu, mehr Edukte zu bilden.
   c. Ist die Gleichgewichtskonstante $K > 1$, liegt das Gleichgewicht auf der Eduktseite.
   d. Indem man Produkte entfernt, verringert man die Gleichgewichtskonstante einer Reaktion.
   e. Im Gleichgewichtszustand ändern sich die Konzentrationen der beteiligten Stoffe nicht mehr.
2. Wie lässt sich aus dem Verteilungskoeffizienten erkennen, ob sich ein Stoff eher in der Ober- oder Unterphase löst?
3. Welche Zuordnung trifft nicht zu?
   a. Emulsion – flüssig/flüssig
   b. Suspension – flüssig/fest
   c. Gemenge – fest/fest
   d. Aerosol – gasförmig/gasförmig
4. Bei gekoppelten Reaktionen muss man die Gleichgewichtskonstanten
   a. addieren.
   b. multiplizieren.
   c. subtrahieren.
   d. potenzieren.
   e. dividieren.

FÜR DIE KLAUSUR

Um grob abschätzen zu können, was für Fragen zu einem bestimmten Thema gestellt werden könnten, solltet ihr euch fragen:
1. Was ist grundlegend wichtig?
2. Was ist klinisch relevant?
3. Was ist ungewöhnlich oder kontraintuitiv?

KAPITEL

7 Thermodynamik

Ein eher unbeliebtes, weil recht abstraktes Thema ist die **Thermodynamik.** Auch wenn man sich nicht die Illusion zu machen braucht, auf den folgenden Seiten ein tiefgreifendes Verständnis für dieses Fachgebiet zu erhalten, so ist es doch sinnvoll, das Kapitel aufmerksam zu lesen und ein wenig mit den Formeln zu „spielen", sprich verschiedene Zahlenwerte einzusetzen.

Eine wichtige Bemerkung vorweg, weil sie eine beliebte Falschantwort darstellt: Aus allen Begriffen, die ihr zur Thermodynamik lesen werdet, lassen sich **keine Aussagen hinsichtlich der Geschwindigkeit von Reaktionen** ableiten.

7.1 Grundlegende Begriffe

7.1.1 Enthalpie

Wir haben bereits bei der Besprechung der Gleichgewichtsreaktion gelernt, dass es Reaktionen gibt, bei denen Wärme frei wird. Woher kommt die Energie, die bei diesen **exothermen** Reaktionen in Form von Wärme frei wird? Sie ist in den Edukten selbst gespeichert! Diesen „Wärmeinhalt" bezeichnet man als **Enthalpie *H*.** Man sollte sich merken, dass Stoffe grundsätzlich nach einer niedrigen Enthalpie, einem energiearmen Zustand, streben.

Deshalb wird bei so vielen Reaktionen, die uns aus dem Alltag bekannt sind, etwa bei Verbrennungen, Energie in Form von Wärme frei.

Man kann für Reaktionen auch die Differenz der Enthalpien der Produkte und Edukte ΔH berechnen. Nimmt im Verlauf einer Reaktion die Enthalpie der beteiligten Stoffe ab **(ΔH negativ)**, so ist bei der Reaktion Wärme frei geworden und die Reaktion ist **exotherm.**

Andererseits gibt es auch Reaktionen, bei denen ΔH positiv ist, also Wärme zugeführt wurde, sodass in diesem Fall die Reaktion **endotherm** ist.

Übrigens: Die Einheit der Enthalpie ist **Kilojoule/mol.**

LERNTIPP

Man kann sich merken, dass man selbst auch immer nach einem „energiearmen" Zustand strebt: Wenn man steht, will man sich setzen. Wenn man sitzt, will man liegen etc.

FÜR AHNUNGSLOSE

Viele Studenten lassen sich von Indices verwirren. – Worin liegt z. B. der Unterschied zwischen H und H^0? Grundsätzlich kann H für jede Reaktion angegeben werden. Da es aber einen Unterschied macht, ob die Reaktion bei 1.000 °C und 20.000 hPa Druck oder bei Zimmertemperatur und normalem Luftdruck stattfindet, kann man die Werte für H nicht gut vergleichen. Man hat deshalb Standardbedingungen eingeführt (n = 1 mol, 25 °C, 1.013 hPa) eingeführt. Die 0 macht deutlich, dass die Enthalpiewerte unter Standardbedingungen gelten. In der Biochemie findet sich auch oft ein Strich als Index. Dieser bedeutet, dass die Werte für den im Körper vorherrschenden pH (was das ist, erfahrt ihr später) gelten.

7.1.2 Entropie

Wenn Stoffe nach energiearmen Zuständen streben, wie kann es dann sein, dass es auch Reaktionen gibt, die, obwohl sie spontan ablaufen, Wärme aufnehmen (z. B. das Lösen bestimmter Salze in Wasser)? Es gibt noch etwas anderes, nach dem das Universum strebt: Nach größtmöglicher **Entropie S.**

LERNTIPP

Sich hier zu sehr in der Physik zu verlieren, ist nicht zielführend. Merkt euch einfach, dass ein System, wie die Küche eurer WG, nach größtmöglicher Entropie (Unordnung) strebt.

7.1.3 Gibbs freie Energie

Man kann sich der Frage, warum Reaktionen ablaufen, die Wärme verbrauchen, auch mit einer Formel nähern, die euch im nächsten Kapitel begegnen wird. Dazu braucht man zunächst einmal eine Größe, die das Bestreben einer Reaktion abzulaufen deutlich macht. Diese bezeichnet man als **Gibbs freie Energie** (**ΔG**). Manchmal wird sie auch „Freie Reaktionsenthalpie" genannt. Um Verwechselungen mit der Reaktionsenthalpie H zu vermeiden, wird dieser Begriff hier aber nicht mehr verwendet.

Bei Reaktionen, die spontan, also gewissermaßen „freiwillig", ablaufen, ist ΔG **negativ.** Diese Reaktionen heißen auch **exergon.** ΔG hat wie H auch die Einheit **kJ/mol.** Andere Reaktionen laufen nicht spontan ab. Bei ihnen ist ΔG positiv und die Reaktionen heißen **endergon.** Nun braucht es eine Formel, mit der man ΔG berechnen kann – die **Gibbs-Helmholtz-Gleichung.**

LERNTIPP

Nicht verwechseln! Bei der Enthalpie H geht es um **T**emperaturen. Die Begriffe heißen exo**t**herm und endo**t**herm. Bei der **G**ibbs-Energie fragt man sich, ob eine Reaktion exer**g**on oder ender**g**on ist.

7.2 Rechnen mit *G*

Eine Formel, die man kennen sollte, ist die Gibbs-Helmholtz-Gleichung.

$$\Delta G = \Delta \mathrm{H} - T \times \Delta S$$

LERNTIPP

Große **H**ummer **t**anken **S**prit

Wie bei allen Formeln sollte man mal ein paar Werte einsetzen, um ein Gefühl für die Zusammenhänge zu bekommen:

Wann läuft eine Reaktion spontan ab? Wenn ΔG negativ ist! Wann ist das der Fall? Wenn man die Gleichung betrachtet, erkennt man verschiedene Möglichkeiten:

- Wenn H negativ, die Reaktion also exotherm ist.
- Wenn H positiv ist, muss S stark positiv sein, damit der Term negativ wird.

Dabei gewinnt der Entropieterm $T \times \Delta S$ an Bedeutung, je höher die **Temperatur *T*** ist, bei der die Reaktion stattfindet (Punkt- vor Strichrechnung).

G kann aber nicht nur angeben, ob eine Reaktion spontan abläuft. Sie gibt auch an, **wie viel Arbeit eine Reaktion maximal verrichten kann.** Je größer der Betrag von G, desto mehr Arbeit ist möglich. Kann ein System, das im Gleichgewicht liegt, Arbeit verrichten? Die Antwort ist erfreulicherweise intuitiv: Nein, denn im Gleichgewicht ändern sich keine Konzentrationen mehr. **ΔG ist im Gleichgewichtszustand passenderweise gleich 0.** Am Anfang kann eine Reaktion also noch viel Arbeit verrichten. ΔG wird in deren Verlauf immer kleiner, bis sich das Gleichgewicht eingestellt hat.

Da ΔG also auch für chemische Gleichgewichte wichtig ist, gibt es auch hier eine Gleichung die man kennen sollte, ohne dass deren Herleitung wichtig wäre:

$$\Delta G^0 = -R \times T \times \ln K$$

R ist die allgemeine Gaskonstante (8,31 J/mol × K). Sie ist also immer gleich. Die Temperatur, bei der die Reaktion abläuft, kann man messen. Auch sie ist konstant.

Folglich **steht ΔG in einer direkten Beziehung zu unserer Gleichgewichtskonstante K.** Man kann also das eine aus dem anderen berechnen!

FÜR AHNUNGSLOSE

Die Mathematikinteressierten unter euch können an dieser Stelle mal verschiedene Werte für K in die Gleichung einsetzen. Für alle anderen: Reaktionen, die exergon sind, also freiwillig ablaufen, haben ein negatives ΔG^0. Man kann sich denken, dass bei ihnen das Gleichgewicht stark auf der Produktseite zu liegen kommt, also K sehr groß wird. Deswegen negatives $\Delta G^0 \rightarrow K > 1$

Übrigens: Wie fast alles in der Chemie ist also auch die zuvor genannte Formel temperaturabhängig. Wenn man allerdings nicht weiß, ob bei einer Gleichgewichtsreaktion die Hin- oder die Rückreaktion exo- oder endotherm ist, kann man **nicht grundsätzlich** sagen, dass bei einer Temperaturerhöhung mehr Produkte entstehen (auch eine beliebte Falschantwort).

7.3 Chemische Reaktionen mit *G*

7.3.1 Aktivierungsenergie und Energieprofile

Wenn Reaktionen exergon sind, heißt das, dass diese Reaktionen sofort stattfinden, sobald man die Edukte zusammenführt? Nein, denn auch wenn die Produkte einen niedrigeren Energiegehalt haben, muss man zumeist erst ein bisschen Energie, die **Aktivierungsenergie (G^A)**, ins System investieren, damit die Reaktion in Gang kommt. Dies wird einem recht schnell klar, wenn man sich die Energieprofile der Reaktionen anschaut (➤ Abb. 7.1).

Die Aktivierungsenergie, die im Profil der endergonen Reaktion angegeben ist, ist die Energie, die man über den Energiegehalt der Produkte hinaus aufgewendet hat. Sie ist identisch mit der Aktivierungsenergie für die exergone Rückreaktion.

7.3.2 Gekoppelte Reaktionen

Was kann der Körper machen, wenn er eine endergone Reaktion ablaufen lassen will? Eine einfache Möglichkeit, dies zu bewerkstelligen, ist die **Kopplung** der endergonen Reaktion an eine exergone Reaktion.

Sind zwei Reaktionen miteinander gekoppelt, berechnet man die **Gibbs Energie der Gesamtreaktion, indem man die Gibbs-Energien beider Reaktionen addiert.**

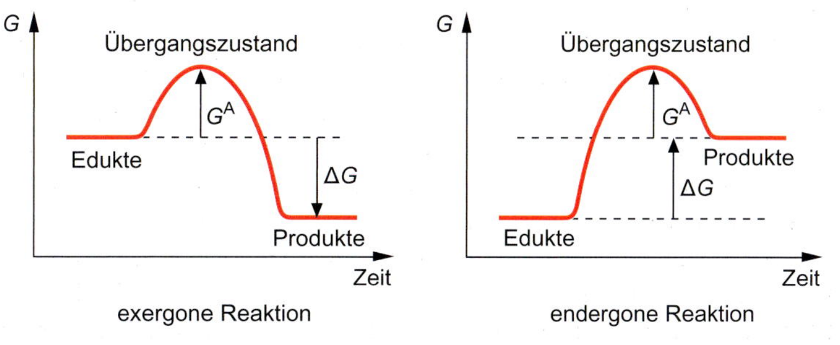

Abb. 7.1 Energieprofile von exergonen und endergonen Reaktionen

7

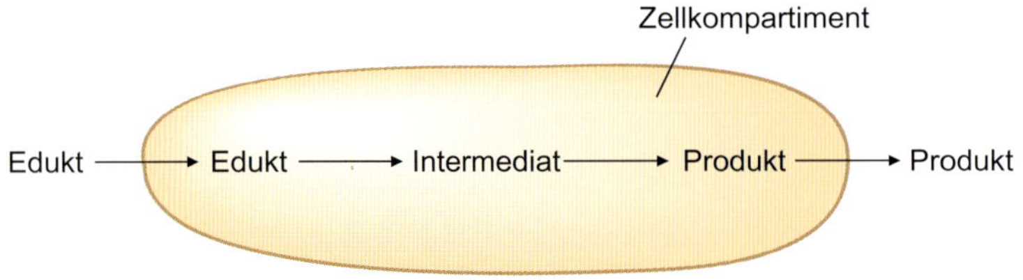

Abb. 7.2 Fließgleichgewicht

ACHTUNG

Verwechslungsgefahr – die **Gibbs-Energien** der Reaktionen werden **addiert,** die **Gleichgewichtskonstanten** aber **multipliziert.**

Ist die Gibbs-Energie der Gesamtreaktion dann negativ, laufen beide Einzelreaktionen, also auch die endergone Reaktion, ab. Das beliebteste Beispiel für eine exergone Reaktion, die unser Körper zur Kopplung nutzt, ist die Hydrolyse von ATP, der bekanntesten Energiewährung der Zelle.

Exkurs: Fließgleichgewichte

7

Bisher ging es immer um Gleichgewichtsreaktionen in geschlossenen Systemen, z. B. einem fest verschlossenen Reaktionsgefäß. Finden allerdings in unserem Körper Reaktionen in einem bestimmten Abschnitt der Zelle (einem Kompartiment) statt, so ist dieses natürlich nicht perfekt vom Rest der Zelle getrennt. Es können neue Edukte ins Kompartiment hinein- und entstandene Produkte aus dem Kompartiment herausgelangen. Wenn diese Prozesse gleich schnell ablaufen und auch eventuelle Zwischenprodukte (sogenannte **Intermediate**) in gleichem Maße gebildet wie verbraucht werden, dann befindet sich die Reaktion in einem **Fließgleichgewicht** (> Abb. 7.2). Wie man sich sicher denken kann, verbrauchen die Transportvorgänge der Produkte und Edukte Energie. Ein Fließgleichgewicht kann also nur unter Energieverbrauch aufrechterhalten werden.

Aufgrund der Verwechselungsgefahr mit dem Gleichgewicht in geschlossenen Systemen sollte man sich allerdings einige Details klarmachen:

- Es sollte nachvollziehbar sein, dass ein System, in das man permanent Energie pumpt, auch Arbeit verrichten kann. Das ist bei den zuvor besprochenen Gleichgewichtsreaktionen in geschlossenen Systemen nicht so.
- ΔG kennt ihr als Maß für die Arbeit, die verrichtet werden kann. Da das Fließgleichgewicht immer Arbeit verrichten kann, wird **ΔG hier auch nie 0.**
- Die wichtigsten Gemeinsamkeiten: In beiden Gleichgewichten „passiert noch etwas" (dynamische Gleichgewichte) und die Konzentrationen der Edukte und Produkte sind konstant!

7.4 Übungen

1. Welche Aussage trifft nicht zu?
   a. Das Universum strebt noch größtmöglicher Entropie.
   b. Die Temperatur spielt bei der Berechnung von G keine Rolle.
   c. Auch endotherme Reaktionen können spontan ablaufen.
   d. Fließgleichgewichte können nicht passiv aufrechterhalten werden.
2. Wie lautet die Formel zur Berechnung der Gibbs-Energie aus Entropie, Enthalpie und Temperatur?
3. Bei gekoppelten Reaktionen muss man die Gibbs-Energien:
   a. addieren
   b. multiplizieren
   c. subtrahieren
   d. potenzieren
   e. dividieren
4. Wie entwickelt sich ΔG im Verlauf einer Gleichgewichtsreaktion?

KAPITEL 8 Kinetik

Im Gegensatz zur Thermodynamik geht es in diesem Kapitel um nichts anderes als die Geschwindigkeit chemischer Reaktionen.

8.1 Geschwindigkeitskonstante *k*

So wie es manche Autos gibt, die schneller fahren können als andere, gibt es auch Reaktionen, die dazu neigen, schneller abzulaufen als andere. Diese Eigenschaft der Reaktion wird in der **Geschwindigkeitskonstante *k*** ausgedrückt.

! ACHTUNG

Schon wieder eine Konstante, die mit diesem Buchstaben abgekürzt wird. Im Gegensatz zur Gleichgewichtskonstante ***K*** ist das ***k*** der Geschwindigkeitskonstante klein!

Während sich die Reaktionsgeschwindigkeit im Verlauf einer Reaktion in der Regel ändert, ist *k* für eine Reaktion konstant. Je **größer *k*, desto schneller kann eine Reaktion** ablaufen.

Wenn ihr euch jetzt fragt, wie *k* zustande kommt, dann solltet ihr wissen, dass es eine einzige für euch wichtige Verknüpfung zwischen Kinetik und Thermodynamik gibt:

Ihr erinnert euch sicher noch an die Aktivierungsenergie (die Energie, die man zuführen muss, um eine Reaktion in Gang zu bringen). **Je größer die Aktivierungsenergie einer Reaktion ist, desto kleiner ist *k*.** Sprich: Eine Reaktion, in die man viel Energie pumpen muss, damit überhaupt was passiert, läuft auch langsamer ab.

Wovon hängt *k* noch ab? Stellt euch eine Lösung vor, in der zwei Arten von Molekülen schwimmen. Wann immer zwei Moleküle zusammenstoßen, kommt es zu einer Reaktion. Wenn man nun die Temperatur erhöht, schwingen die Moleküle auch schneller. Die Wahrscheinlichkeit, dass zwei Moleküle zusammenstoßen, steigt und damit auch die Neigung der Reaktion, schnell abzulaufen. Folglich **nimmt *k* mit steigender Temperatur zu.**

Natürlich existiert bei Gleichgewichtsreaktionen, bei denen es Hin- und Rückreaktion gibt, auch je eine Geschwindigkeitskonstante für Hin- und Rückreaktion. Aus k_{hin} und $k_{rück}$ kann man auch die Lage des Gleichgewichts berechnen.

$$K = \frac{k^{hin}}{k^{rück}}$$

Die Formel ist eigentlich sehr simpel: Wenn die Hinreaktion dazu neigt, schnell abzulaufen (k_{hin} groß), liegt auch das Gleichgewicht stark auf der Produktseite (*K* groß). Ist die Geschwindigkeitskonstante der Rückreaktion groß, nimmt die Gleichgewichtskonstante kleine Werte an.

8.2 Reaktionsgeschwindigkeit

Worin besteht der Unterschied zwischen **Reaktionsgeschwindigkeit v** und Geschwindigkeitskonstante k? Zunächst einmal, muss dafür geklärt werden, was die Reaktionsgeschwindigkeit ist, und wie man sie überhaupt messen kann. Dafür gibt es zwei Möglichkeiten, die selbstverständlich zum gleichen Ergebnis führen: Entweder man misst die **Zunahme der Produktkonzentration pro Zeit,** oder man macht es andersrum und misst die **Abnahme der Eduktkonzentration pro Zeit.** Mathematisch ausgedrückt schreibt man für die Zunahme der Produktkonzentration:

$$v = \frac{dc_P}{dt}$$

FÜR AHNUNGSLOSE

Falls euch die Buchstaben **„d"** verwirren, stellt sie euch einfach als Δ vor. Sie sollen nur deutlich machen, dass man hier keinen einzelnen Wert misst, sondern die **D**ifferenz zwischen zwei Werten. Wenn man zu Beginn der Reaktion die Produktkonzentration 1 mol/L bestimmt und diese am Ende der Reaktion 3 mol/L beträgt, setzt man 2 mol/L in die Formel zur Berechnung der Geschwindigkeit ein. Für die Zeit verfährt man genauso.

Die Formel, der die Abnahme der Eduktkonzentration zugrunde liegt, lautet:

$$v = -\,dc_A/dt$$

Warum das Minus in der Gleichung? Wenn man die Differenz der Eduktkonzentrationen bestimmt, ergibt sich ein Problem: Da die Edukte verbraucht werden, ist die Konzentration am Ende der Reaktion geringer als am Anfang. Der Wert, den man in die Gleichung für die Geschwindigkeit einsetzen würde, wäre folglich negativ. Die Geschwindigkeit selbst würde dann auch einen negativen Wert annehmen. Da die Geschwindigkeit aber selbstverständlich positiv sein muss, ist das Minus in der Gleichung notwendig.

Exkurs: Katalysatoren

Wenn die Höhe der Aktivierungsenergie die Reaktionsgeschwindigkeit bestimmt, müsste eine Substanz, die die benötigte **Aktivierungsenergie einer Reaktion reduziert,** deren **Geschwindigkeit und damit auch die Einstellung des Gleichgewichts beschleunigen.** Eine Substanz, die genau das macht, und dazu noch unverändert aus der Reaktion hervorgeht, nennt man Katalysator (➤ Abb. 8.1).

Da der Katalysator formal nicht an der Reaktion teilnimmt, muss man ihn weder bei den Edukten noch bei den Produkten angeben.

Ein Katalysator hat keinen Einfluss auf die Lage des Gleichgewichts und kann folglich auch keine exergone zu einer endergonen Reaktion machen.

Die Enzyme in unserem Körper werden auch Biokatalysatoren genannt. Ihre Funktion ist sehr wichtig, da viele der Reaktionen, die unser Überleben sichern, nicht ablaufen könnten, wenn Enzyme nicht die benötigte Aktivierungsenergie herabsetzen würden. Genaueres dazu lernt ihr aber noch in der Biochemie.

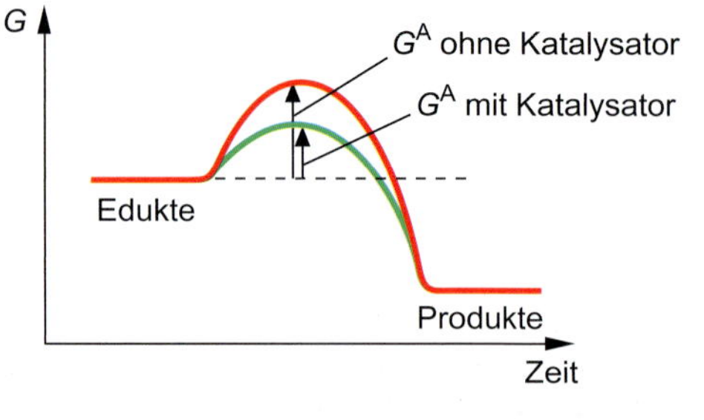

Abb. 8.1 Energieprofile mit und ohne Katalysator

8.3 Reaktionsordnung

Um unser Verständnis von Reaktionsgeschwindigkeiten zu verbessern, schauen wir uns nun Reaktionen verschiedener **Ordnung** an. Eine Reaktion, bei der ein großes Molekül in zwei kleinere zerfällt, bezeichnet man als **Reaktion 1. Ordnung.**

MERKE

1 Edukt (Molekül/Atom) reicht zur Bildung der Produkte? Es handelt sich um eine Reaktion erster Ordnung!

Wovon hängt die Reaktionsgeschwindigkeit ab? Einerseits von der Neigung des Edukts zu zerfallen. Diese Neigung kennen wir bereits als **Geschwindigkeitskonstante *k*. Andererseits ist auch die Konzentration des Edukts** wichtig. Je mehr Edukte da sind, desto mehr Edukte zerfallen und desto schneller ändert sich die Konzentration.

$$v = k \times [A]$$

FÜR DIE KLAUSUR

Man sieht aus der Gleichung, dass bei einer Verdopplung der Eduktkonzentration sich auch die Reaktionsgeschwindigkeit verdoppelt, bei einer Halbierung halbiert usw. Die Geschwindigkeit und die Konzentration sind folglich **proportional.** „k" ist dabei die **Proportionalitätskonstante.** Wenn man einen proportionalen Zusammenhang graphisch darstellt, ist der Graph immer eine Gerade, dessen Steigung der Proportionalitätskonstante entspricht.

Aus der Gleichung erkennt man auch, dass die Reaktionsgeschwindigkeit während einer Reaktion nicht konstant bleiben wird. Es werden schließlich Edukte verbraucht. Folglich nimmt die Konzentration der Edukte ab, und die Geschwindigkeit der Reaktion sinkt (➤ Abb. 8.2). Bei einer Gleichgewichtsreaktion gilt dies nur für die Geschwindigkeit der Hinreaktion. Je mehr Produkte entstehen, desto mehr können zurückreagieren, sodass im Verlauf der Reaktion die Geschwindigkeit der Rückreaktion zunimmt. Wenn beide **Reaktionen gleich schnell ablaufen, ist die Reaktion im Gleichgewicht.**

ACHTUNG

Die **Geschwindigkeitskonstanten sind im Gleichgewicht nach wie vor nicht gleich!** Sie ändern sich schließlich im Verlauf der Reaktion nicht.

Radioaktive Zerfälle sind wichtige Reaktionen 1. Ordnung. Um auszudrücken, wie schnell ein Stoff zerfällt, gibt man gerne die **Halbwertszeit $t_{1/2}$** an. Das ist die Zeit nach der, egal bei welcher Ausgangskonzentration, nur noch die Hälfte der Edukte übrig ist. Man kann die Halbwertszeit berechnen, indem man den natürlichen Logarithmus von 2 durch die Zerfallskonstante dividiert.

$$t_{1/2} = \ln 2 / \lambda$$

Mehr als Auswendiglernen muss man diese Gleichung im Rahmen der Chemie zum Glück nicht.

FÜR AHNUNGSLOSE

Wieso ist die Halbwertszeit von einem Kilogramm Uran und 100 Kilogramm Uran gleich? Zwar sind 100 kg natürlich weitaus mehr, dafür zerfallen auch weitaus mehr Teilchen pro Zeit. Dementsprechend zerfallen 100 kg genauso schnell zu 50 kg wie 1 kg zu 0,5 kg.

Es gibt natürlich auch **Reaktionen 2. Ordnung.** Braucht es, um die Produkte zu bilden, zwei Edukte

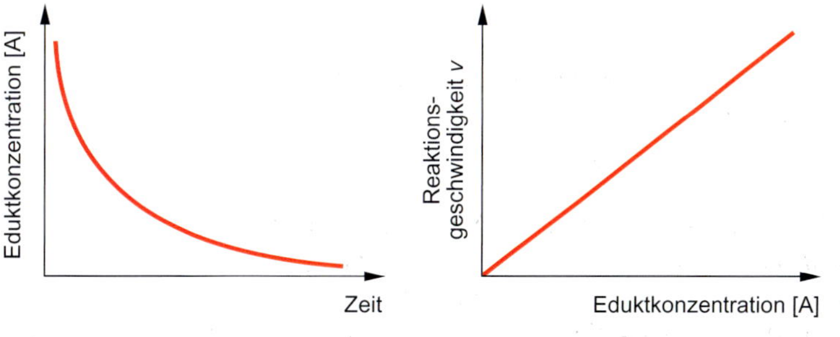

Abb. 8.2 Reaktion 1. Ordnung und Beziehung zwischen Eduktkonzentration und Reaktionsgeschwindigkeit

8

(die aber auch gleich sein können), dann ist das eine solche Reaktion. Gibt es zwei verschiedene Edukte A und B, hängt die Reaktionsgeschwindigkeit von der Konzentration **beider** Edukte ab:

$$v = k \times [A] \times [B]$$

Gibt es nur einen Typ Edukt, von dem es aber zwei Moleküle braucht, um ein Produkt zu bilden, dann wird die Konzentration dieses Edukts zur Berechnung der Geschwindigkeit **quadriert.**

$$v = k \times [A]^2$$

Da auch während einer Reaktion 2. Ordnung Edukte verbraucht werden, nimmt die Reaktionsgeschwindigkeit im Verlauf der Reaktion natürlich ebenfalls ab.

Exkurs: Geschwindigkeitsbestimmende Reaktion

In der Biochemie gibt es viele Stoffwechselwege, in denen ein Produkt entsteht, um dann sofort in einer Folgereaktion als Edukt zu dienen. Das entstehende Produkt dient als Edukt des nächsten Schritts usw. Es kann aber durchaus sein, dass eine Reaktion die Produkte langsamer bildet, als die Folgereaktion sie verbraucht. Diese Reaktion wird als **geschwindigkeitsbestimmende(r) Reaktion/Teilschritt** bezeichnet, da sie die Geschwindigkeit des ganzen Stoffwechselweges limitiert. Schließlich können die folgenden Schritte nicht ablaufen, wenn ihnen keine Edukte bereitgestellt werden.

Der geschwindigkeitsbestimmende Schritt ist der mit der kleinsten Geschwindigkeitskonstante – also der Schritt mit der höchsten Aktivierungsenergie. Auf diese Weise kann man ihn in einem Energieprofil auch leicht erkennen.

FÜR AHNUNGSLOSE

Stellt euch den geschwindigkeitsbestimmenden Schritt wie einen Stau vor. Er bestimmt, wie schnell ihr morgens zur Uni kommt, da ihr auf dem restlichen Weg schließlich nicht unendlich schnell fahren könnt!

8.4 Übungen

1. Die Halbwertszeit eines radioaktiven Stoffes beträgt zwei Tage. Nach wie vielen Tagen sind weniger als 10 % des ursprünglichen Materials vorhanden?
2. Welche Aussage trifft nicht zu?
   a. Die Lage des Gleichgewichts lässt sich aus den Geschwindigkeitskonstanten einer Reaktion berechnen.
   b. Im Gleichgewichtszustand sind beide Geschwindigkeitskonstanten gleich groß.
   c. Die Aktivierungsenergie lässt Rückschlüsse auf die Geschwindigkeit einer Reaktion zu.
   d. Die Geschwindigkeitskonstanten sind temperaturabhängig.
3. Die Reaktionsgeschwindigkeit lässt sich auf zwei Weisen definieren. Wie lauten sie?
4. Nennt die Eigenschaften eines Katalysators (die Antworten findet ihr im zugehörigen Exkurs).

KAPITEL

9 Säuren und Basen

9.1 Definitionen

Um euch den in Lehrbüchern fast schon obligatorischen Exkurs zur Definition von Säuren und Basen im Verlauf der vergangenen Jahrhunderte zu ersparen, kommen wir sofort zu den beiden Definitionen, die euch im Studium begegnen werden (eine solltet ihr bereits kennen):

- **Brønsted** (die wichtigere): Säuren sind Verbindungen, die ein Proton abgeben **(Protonendonatoren).** Basen sind Verbindungen, die ein Proton aufnehmen **(Protonenakzeptoren).**
- **Lewis:** Säuren lagern Elektronenpaare an **(Elektronenpaarakzeptoren).** Basen geben Elektronenpaare ab **(Elektronenpaardonatoren).**

LERNTIPP

Bernd **s**ingt **p**olnische **D**ancehits – **B**rønsted-**S**äure = **P**rotonen**d**onator

Weil die Definitionen überaus wichtig sind, gibt es nun eine kleine Beispielfrage. Nutzt die Eselsbrücken, damit auch unter Stress keine Unsicherheiten aufkommen! Eine typische Frage wäre z. B. nach der richtigen Definition aus mehreren falschen:

a) Lewis Säuren sind Protonenakzeptoren
b) Brønsted Basen sind Protonenakzeptoren
c) Lewis Basen sind Elektronenpaarakzeptoren

Ihr seht, dass hier mit den Begriffen Akzeptor/Donator, wie auch mit Proton/Elektron, „gespielt" wird. Am wenigsten verwirrt werdet ihr sein, wenn ihr euch nur den Anfang der Antwortmöglichkeit anschaut, euch die Definition (also z. B. was eine Lewis Säure macht) selbst herleitet und dann schaut, ob dies mit dem Rest der Antwort übereinstimmt! Dieser Ansatz ist bei MC Klausuren generell hilfreich.

In diesem Fall ist b) die richtige Antwort.

Diese Definitionen zu lernen ist zunächst schön und gut, allerdings ist das Nachvollziehen der Zusammenhänge insofern lohnenswert, als dass es euch helfen wird, den Verlauf einer chemischen Reaktion vorherzusagen und auch eine gute Wiederholung der chemischen Grundlagen darstellt:

Betrachten wir eine Verbindung der Elemente Wasserstoff und Fluor (Atombindung) (➤ Abb. 9.1).

$$\mathrm{H-\overline{\underline{F}}|}$$

Abb. 9.1 Fluorwasserstoff

Um zu verstehen, warum dieser Stoff ein Proton abgibt, erinnern wir uns an das Konzept der **Elektronegativität** (das Vermögen eines Stoffes, Elektronen an sich zu ziehen).

Wie bereits erklärt, nimmt diese im Periodensystem von „links unten" nach „rechts oben" zu!

In unserem Fall bedeutet das, dass Fluor das bindende Elektronenpaar fast gänzlich zu sich zieht. Sobald nun ein anderer Stoff auftaucht, der z. B. ein freies Elektronenpaar besitzt, wird sich das positiv geladene Proton zur negativen Ladung dieses Elektronenpaars hingezogen fühlen und an dieses binden. Das ursprünglich bindende Elektronenpaar des HF verbleibt beim Fluor und verursacht dort eine negative Ladung. Als Beispiel soll uns die Reaktion des Fluorwasserstoffs (auch **Flusssäure** genannt) mit Wasser dienen:

$$H_2O + HF \rightarrow H_3O^+ + F^-$$

Das „Zerfallen" einer Säure (in diesem Fall ist HF schließlich der **Protonendonator**) bezeichnet man auch als **Dissoziation** oder **Protolyse.** Zu beachten ist, dass dieser Zerfall nur stattfindet, wenn auch ein Akzeptor für das Proton vorhanden ist. Warum? Weil das Proton eine im Vergleich zu seiner Ladung sehr kleine Masse hat! Es wird quasi von seiner Ladung sofort zu einem Teilchen „geschleift", an das es binden kann. Euch wird auffallen, dass bei der Reaktion geladene Teilchen entstanden sind – und wie man geladene Moleküle oder Atome bezeichnet, habt ihr bereits gelernt:

Es sind **Ionen** entstanden!

Das positiv geladene H_3O^+-Ion wird **Oxonium-Ion** genannt.

FÜR AHNUNGSLOSE

Warum kann man die Begriffe Proton, Wasserstoffkern und H^+ als Synonyme verwenden? Aus dem Periodensystem erkennt ihr, dass Wasserstoff die Ordnungs- und Massenzahl 1 hat. Sein Kern besteht folglich nur aus einem Proton. Da er keine Ladung hat, muss sich in seiner Hülle noch ein negativ geladenes Elektron befinden. Ein **Wasserstoffkern** ist also ein Wasserstoffatom ohne das

Elektron in der Hülle – und der besteht eben aus dem **Proton.** Ohne das Elektron kommt es zu einer positiven Ladung, weshalb man H^+ schreibt, um den Unterschied zum ungeladenen Atom zu verdeutlichen.

Wir haben gesehen, dass Moleküle Protonen abgeben, wenn ein Wasserstoffteilchen an einer kovalenten Bindung beteiligt ist, bei der ihm das bindende Elektronenpaar fast völlig entzogen ist.

Wann könnte ein Stoff außerdem Protonen abgeben? Ganz einfach: Wenn es mehr hat „als es braucht", also das Molekül insgesamt positiv geladen ist. Dies trifft u. a. auf das Oxonium-Ion aus unserem Beispiel zu.

Wir erkennen: Aus dem Wasser, das ein Proton aufnimmt, also als Base reagiert, entsteht ein Stoff, der selbst ein Proton abgeben könnte, also als Säure reagieren kann! Umgekehrt ist aus HF ein Ion entstanden, das negativ geladen ist, sodass positiv geladene Protonen von ihm angezogen werden. Es kann demnach Protonen akzeptieren und als Base reagieren (Warum es das meistens aber nicht tun wird, erfahrt ihr später)!

Dass aus einer Säure im Zuge einer Dissoziation eine Base wird, ist nicht ungewöhnlich, sondern die Regel! Eine Säure und die aus ihr entstandene Base bezeichnet man als **konjugiertes/korrespondierendes Säure-Base-Paar** (das gilt natürlich auch für die aus einer Base entstandene Säure!).

FÜR DIE KLAUSUR

Ihr solltet in einer Reaktion Säure-Base-Paare erkennen können! Schaut einfach, wo Protonen abgegeben, und wo sie aufgenommen werden. Die Ladungen können dabei ein hilfreicher Anhaltspunkt sein. Wenn ihr die Definitionen draufhabt, sollte das allerdings kein Problem sein. Bleibt einfach ruhig und bedenkt, dass ein Säure-Base-Paar mit Sicherheit **nicht** aus Stoffen besteht, die **auf derselben Seite des Reaktionspfeils stehen!**

9.1.1 Typische Säuren

Man kann Säuren grob in zwei Gruppen gliedern: Die **Sauerstoff-** bzw. **Oxosäuren,** in denen die Protonen, die abgegeben werden sollen, an Sauerstoffatome gebunden sind, und alle anderen Säuren. Auch wenn dies in der Regel nicht abgeprüft wird, kann man mit einigen zusätzlichen Informationen leicht die Stärke von Säuren, auch ohne Kenntnis der pH- und pK_s-Werten, die ihr noch kennenlernen werdet, abschätzen, was durchaus nützlich ist:

- Die **„Nicht-Oxosäuren":** Wie im Fluorwasserstoff ist das Proton direkt an ein elektronegatives Atom gebunden. Grundsätzlich ist zu beachten, dass die Säurestärke, wie oben beschrieben, mit **hoher Elektronegativität** zunimmt. Allerdings spielt der Atomradius noch eine größere Rolle. H^+-Ionen können sich leichter von Atomen mit großem Radius lösen als von solchen mit einem kleinen Radius, sodass etwa Tellurwasserstoff trotz der geringeren Elektronegativität des Tellurs eine wesentlich stärkere Säure ist als Schwefelwasserstoff.
- **Oxosäuren:** Die Mehrzahl der Säuren, die euch im Verlauf eurer Medizinerkarriere begegnen werden, sind Sauerstoffsäuren. Die Summenformel einer solchen Säure besteht typischerweise aus **mehreren Wasserstoffatomen, Sauerstoffatomen** und **einem Atom einer anderen Sorte.**

Die **Phosphorsäure** soll uns als typisches Beispiel einer Oxosäure dienen. Ihre Summenformel lautet:

$$H_3PO_4$$

Versucht, bevor ihr weiterlest, die Strukturformel dieser Säure zu zeichnen! Ihr werdet hier mit dem Problem konfrontiert, die Oktettregel nicht erfüllen zu können, egal wie ihr die Atome auch anordnet. Das müsst ihr allerdings auch nicht: Da ab der dritten Periode eine sogenannte **Oktettaufweitung** möglich ist, kann der Phosphor mehr als acht Valenzelektronen haben, also die Edelgaskonfiguration überschreiten! Wenn ihr eine Sauerstoffsäure zeichnen wollt, könnt ihr euch mit einer zugegebenermaßen recht unwissenschaftlichen Methode helfen, solange euch die Summenformel bekannt ist:

1. Ordnet alle Sauerstoffatome um das „Nicht-Wasser-nicht-Sauerstoffatom" an.
2. Ordnet jedem Sauerstoff- ein Wasserstoffatom zu (sofern genug vorhanden).
3. Zeichnet die Bindungselektronenpaare ein (Sauerstoff will in der Regel **zwei** Bindungen eingehen).
4. Ergänzt die freien Elektronenpaare.

Mit diesem Wissen könnt ihr alle für euch wichtigen Sauerstoffsäuren zeichnen. Versucht nun einmal einige Säuren, ausgehend von ihrer Summenformel, zu zeichnen und schaut euch im Anschluss ihre Strukturformeln an.

Wovon hängt nun die Stärke einer Sauerstoffsäure ab? Vor allem von der **Elektronegativität des Atoms in der Mitte!**

FÜR AHNUNGSLOSE

Hier wird der etwas umständliche Begriff „Atom in der Mitte" verwendet, da **Zentralteilchen** oder **Zentralatom** Begriffe aus der **Komplexchemie** sind!

Denn je stärker diese ist, desto mehr werden die Elektronen des Sauerstoffs zu ihm hingezogen, sodass auch das bindende Elektronenpaar zwischen Wasserstoff und Sauerstoff vom Kern des Wasserstoffs weggezogen wird, was es diesem erleichtert, sich zu lösen. Wenn mehrere OH-Gruppen um das Atom in der Mitte angeordnet sind, „ziehen" sie quasi alle an dessen negativ geladenen Elektronen, was dazu führt, dass das Atom selbst positiver wird und nun ebenfalls stärkere Anziehungskräfte auf die Elektronen der gesamten Verbindung auswirkt. Folglich steigt die Säurestärke auch mit der **Anzahl der O-Atome,** die sich um das Atom in der Mitte anordnen, was sich ganz leicht aus der Summenformel herauslesen lässt.

Wichtige Säuren: Schwefelsäure, Chlorwasserstoff, „Kohlensäure", Phosphorsäure, Zitronensäure

FÜR AHNUNGSLOSE

Wann spricht man von einer starken Säure? Auch bei der Dissoziation von Säuren und Basen stellt sich ein **Gleichgewicht** ein. Da die Reaktion nicht vollständig abläuft, geben nicht alle Säuremoleküle ihre Protonen ab. Bei starken Säuren ist das aber nur bei vergleichsweise wenigen Molekülen der Fall.

Das Gleichgewicht der Protolyse liegt **auf der Produktseite.** Somit liefert eine starke Säure in Wasser wesentlich mehr H_3O^+-Ionen als die gleiche Menge einer schwachen Säure.

FÜR DIE KLAUSUR

Strukturformeln zeichnen zu müssen wird euch in Multiple-Choice-Prüfungen natürlich nicht begegnen. Allerdings könnt ihr in mündlichen Prüfungen (etwa in der Biochemieprüfung im Physikum) Prüfer beeindrucken, indem ihr dieses Wissen demonstriert. Auch in Antestaten von Praktikumstagen kann solches Wissen abgeprüft werden. Zu guter Letzt erleichtert euch natürlich das Zeichnen von Strukturformeln auch das Erkennen derselben.

9.1.2 Typische Basen

Nach Brønsted-Definition sind Basen **Protonenakzeptoren.** Eine Verbindung wie **Ammoniak** kann in Wasser an seinem freien Elektronenpaar H^+-Ionen anlagern, und bildet so ein **Ammonium-Ion** (➤ Abb. 9.2). Das Wassermolekül, das ein H^+-Ion abgegeben hat, ist nun ein negativ geladenes OH^--Ion. **Alle Basen bilden in Wasser OH^--Ionen.** So gibt es auch Verbindungen, die bereits ein OH^--Ion enthalten, und dieses in Wasser lediglich freisetzten, wie z. B. **NaOH (Natriumhydroxid,** in Wasser gelöst spricht man von **Natronlauge).** Das heißt allerdings nicht, dass alle OH^--Ionen, die letztlich im Wasser herumschwimmen, genau die aus dem NaOH sind. Schließlich kann ein OH^--Ion auch ein Proton von einem Wassermolekül aufnehmen, das nun seinerseits zu einem OH^--Ion wird.

Da OH^--Ionen negativ geladen sind, enthalten die basisch reagierenden Verbindungen, in denen sie vorkommen, meist noch **positive Metall-Ionen,** wodurch sie sich gut identifizieren lassen!

9.1.3 Ampholyte

Wir haben gesehen, dass Wasser, wenn es mit Fluorwasserstoff (HF) reagiert, Protonen aufnimmt und H_3O^+-Ionen bildet, also als Base reagiert. In der Reaktion mit Ammoniak (NH_3) gibt Wasser jedoch Protonen ab, bildet also OH^--Ionen. Es reagiert als Säure. Verbindungen, die sowohl als Base wie auch als Säure reagieren können, bezeichnet man als **amphotere** Verbindungen oder auch **Ampholyte.**

Exkurs: Zusammengesetzte Ionen

Vielleicht erinnert ihr euch: Gegen Ende des Kapitels 4.2 zur Ionenbindung war von Ionen die Rede, die nicht nur aus einem einzigen geladenen Atom bestehen. Mittlerweile habt ihr schon Ionen kennengelernt, bei denen es sich nicht um geladene Atome, sondern um **geladene Moleküle** handelt, wie etwa das OH^--Ion. Ihr könnt die Salzformeln für Salze, die solche Ionen enthalten, nach dem gleichen Muster aufstellen, mit dem ihr bereits arbeitet, denn die Verhältnisse der Ionen im Salz richten sich **nur nach der Ladung.**

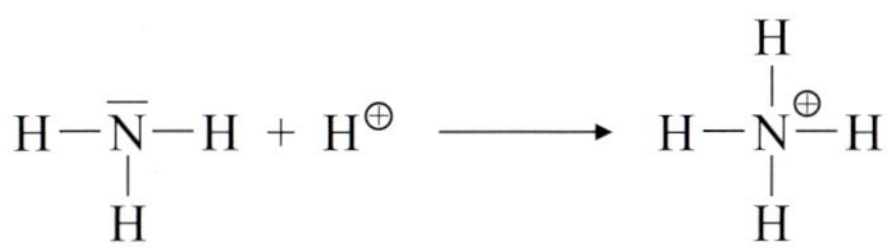

Abb. 9.2 Protonierung von Ammoniak zu Ammonium

LERNTIPP

Um euch die Ladung von solchen Ionen schnell herleiten zu können, müsst ihr eigentlich nur die Verbindungen kennen, aus denen sie entstehen. Wenn ihr wisst, dass Hydroxid-Ionen aus Wasser durch **Abgabe eines Protons** entstehen, wisst ihr, dass sie **einfach negativ geladen** sein müssen.

Die Nomenklatur dieser Ionen kann sich allerdings schwieriger gestalten: Da sie in der Regel aus Stoffen hervorgehen, die als Säure reagieren, sind sie negativ geladen, also **Anionen,** sodass man den lateinischen Namen des Elements verwendet. Für große Verwirrung unter Studenten sorgen häufig die Endungen:

Tab. 9.1 Wichtige Säuren – Überblick

Säure	Summenformel	Strukturformel	Protonigkeit	Anionen	
Chlorwasserstoff (Salzsäure)	HCl	$H-Cl$	einprotonig	Cl^-	Chlorid
Salpetersäure	HNO_3	$O=N^{+}(-O^{-})-OH$		NO_3^-	Nitrat
Essigsäure	$C_2H_4O_2$	CH_3-COOH		CH_3-COO^-	Acetat
Blausäure	HCN	$H-C\equiv N$		CN^-	Cyanid
Schwefelsäure	H_2SO_4	$HO-S(=O)_2-OH$	zweiprotonig	HSO_4^- SO_4^{2-}	Hydrogensulfat Sulfat
Schwefelwasserstoff	H_2S	$H-S-H$		HS^- S^{2-}	Hydrogensulfid Sulfid
Kohlensäure	H_2CO_3	$HO-C(=O)-OH$		HCO_3^- CO_3^{2-}	Hydrogencarbonat Carbonat
Oxalsäure	$C_2H_2O_4$	$HOOC-COOH$		$^{-}OOC-COO^{-}$	Oxalat
Phosphorsäure	H_3PO_4	$HO-P(=O)(OH)-OH$	dreiprotonig	$H_2PO_4^-$ HPO_4^{2-} PO_4^{3-}	Dihydrogenphosphat (primäres Phosphat) Hydrogenphosphat (sekundäres Phosphat) Phosphat (tertiäres Phosphat)
Citronensäure	$C_6H_8O_7$	$HO-C(CH_2-COOH)_2-COOH$		$HO-C(CH_2-COO^-)_2-COO^-$	Citrat

9

Normalerweise verwenden wir für Anionen **id.** Sind die Anionen allerdings durch **Dissoziation einer Sauerstoffsäure** entstanden, kommen die Endungen **at** oder **it** infrage. Sich hier zu sehr in Details zu verlieren, lohnt sich nicht. Prägt euch einfach Namen von zusammengesetzten Ionen, die euch **oft** begegnen, ein.

9.2 pH, pK_s und pK_b

9.2.1 pH und pOH

FÜR AHNUNGSLOSE

Wer die Herleitung der folgenden Gesetze nicht logisch nachvollziehen kann oder möchte, muss sich keine großen Sorgen machen. Ihr seid auch gut für die Klausur vorbereitet, wenn ihr die Konstanten und hergeleiteten Formeln, die nun folgen, auswendig lernt. Das Verstehen der Zusammenhänge erspart euch allerdings stumpfes Auswendiglernen und ist ein guter Test, ob ihr den bisher behandelten Stoff verstanden habt.

Wir wissen, dass Wassermoleküle Protonen aufnehmen oder abgeben können. Da sich bereits in einem Liter Wasser eine enorme Zahl von Wassermolekülen befindet, kann man davon ausgehen, dass es gelegentlich vorkommt, dass ein Proton von einem Wassermolekül auf ein anderes übergeht, sodass ein H_3O^+- und ein OH^--Ion entstehen. Man spricht von der **Autoprotolyse des Wassers.** Wir können das Massenwirkungsgesetz für diese Reaktionsgleichung aufstellen:

$$2H_2O \rightarrow H_3O^+ + OH^-$$

$$K = \frac{[H_3O^+] \times [OH^-]}{[H_2O]^2}$$

Die Konzentration des Wassers kann als konstant angenommen werden. Warum? Die Anzahl der Wassermoleküle, die in Ionen dissoziieren, ist verglichen mit der gesamten Zahl an Wassermolekülen verschwindend gering, sodass es keine Auswirkungen hat, wenn man ein bisschen unpräzise ist! Da wir den Nenner als konstant annehmen, können wir ihn genauso gut weglassen und es bleibt:

$$K = [H_3O^+] \times [OH^-]$$

Diese Gleichung nennt man das **Ionenprodukt** des Wassers. Man hat nun experimentell bestimmt, wie viele Ionen im Wasser vorliegen: Es sind 10^7 mol/L H_3O^+ und die gleiche Konzentration von OH^--Ionen. Man verwendet immer Konzentrationen, sodass man dieselben Zahlen nutzen kann, egal ob man mit einem oder mit 70 Litern arbeitet.

Da beide Konzentrationen identisch sind, ergibt sich für $K = 10^{-14}$ mol²/l².

Wegen der geringen Konzentrationen der Ionen, gibt man diese nicht etwa in mol pro Liter an, sondern verwendet den **negativen dekadischen Logarithmus** der Konzentrationen und macht dies durch ein kleines **p** deutlich. Eine H_3O^+-Ionenkonzentration von 10^{-7} entspricht also einem pH von 7. Wenn wir das gesamte Ionenprodukt logarithmieren erhalten wir:

$$pK = pH + pOH = 7 + 7 = 14$$

Wir sehen: Die Summe aus pH und pOH ergibt immer 14. Da in reinem Wasser die Anzahl von OH^-- und H_3O^+-Ionen identisch ist, ist der pH = 7, ebenso wie der pOH. Wird eine Säure in Wasser gelöst, entstehen verstärkt H_3O^+-Ionen. Die Anzahl an OH^--Ionen nimmt ab, da die Säure so viele Protonen mitbringt, dass für normale Wassermoleküle „kein Grund" besteht, ihre Protonen abzugeben. Der pH-Wert wird kleiner, wobei man alle Lösungen mit pH-Werten, die **kleiner als 7** sind, als **sauer** bezeichnet.

FÜR AHNUNGSLOSE

Warum wird der pH-Wert kleiner, wenn mehr H_3O^+-Ionen vorhanden sind?
Ein pH-Wert von 2 entspricht einer Konzentration von 10^{-2} mol/L. pH 7 entspricht 10^{-7} mol/L. Dementsprechend liegen in einer Lösung mit pH 2 mehr H_3O^+-Ionen vor als in einer mit pH 7. Ihr erkennt auch: Um von pH 5 auf pH 4 zu kommen, müssen **10-mal mehr H_3O^+-Ionen** vorhanden sein.

Um von dem pH-Wert einer Lösung auf deren pOH-Wert zu kommen, müsst ihr einfach den pH-Wert

9

von 14 subtrahieren. Bei **pH-Werten, die 7 übersteigen,** ist die Konzentration an OH^--Ionen höher als die der H_3O^+-Ionen, man spricht von **basischen oder alkalischen** Lösungen.

FÜR DIE KLAUSUR

Lest genau! Es kann sein, dass auch bei sauren Lösungen nach dem pOH und bei basischen Lösungen nach dem pH gefragt wird. Ihr könnt für jede Lösung sowohl pH- als auch pOH-Wert angeben. Ein Beispiel: In einer Lösung beträgt die Konzentration an OH^--Ionen 10^{-3} mol/L. Wie hoch ist der pH-Wert?
Antwort: Wir berechnen zunächst den pOH-Wert. Dieser beträgt 3. Um den pH-Wert zu erhalten, stellen wir nun die Formel 14 = pH + pOH um und erhalten: pH = 14 − pOH = 14 − 3 = 11

9.2.2 pK_s und pK_b

Starke Säuren liegen in wässriger Lösung quasi komplett dissoziiert vor. Bei starken Basen haben die Moleküle in wässriger Lösung quasi alle ein Proton aufgenommen. Um die „Stärke" einer Säure oder Base quantifizierbar zu machen, definiert man für jede Säure eine Säurekonstante K_s und für Basen eine Basenkonstante K_b mithilfe des Massenwirkungsgesetzes:

$$HA + H_2O \rightarrow H_3O^+ + A^-$$
$$K_s = [H_3O^+] \times [A^-] / [HA] \times [H_2O]$$
$$pK_s = -\log(K_s)$$

Die Herleitung des pK_b kann nach demselben Prinzip durchgeführt werden. Wichtig ist aber vor allem eines: Je **kleiner** die pK_s- und pK_b-Werte, desto **stärker** die Säure/Base (die Werte können auch negativ sein) (➤ Abb. 9.3). Ab pK-Werten von **4** gilt eine Säure oder Base nicht mehr als stark, sondern eher als **schwach.** Natürlich ist der Übergang in der Realität fließend.

Außerdem wichtig: Der **pK_s-Wert einer Säure** und der **pK_b-Wert der konjugierten Base** addieren sich zu 14:

$$\mathbf{pK_s + pK_b = 14}$$

Säurecharakter (↑ Zunahme der Säurestärke)	pK_s	Säure/konjugierte Base	
stark	−6	HCl/Cl^-	Chlorwasserstoff/Chlorid
	−3	H_2SO_4/HSO_4^-	Schwefelsäure/Hydrogensulfat
	−1,7	H_3O^+/H_2O	Hydroniumion/Wasser
	−1,3	HNO_3/NO_3^-	Salpetersäure/Nitrat
mittelstark	1,9	HSO_4^-/SO_4^{2-}	Hydrogensulfat/Sulfat
	2,0	$H_3PO_4/H_2PO_4^-$	Phosphorsäure/Dihydrogenphosphat
schwach	4,8	CH_3COOH/CH_3COO^-	Essigsäure/Acetat
	6,4	CO_2/HCO_3^-	Kohlendioxid/Hydrogencarbonat
	7,1	H_2S/SH^-	Schwefelwasserstoff/Hydrogensulfid
	7,2	$H_2PO_4^-/HPO_4^{2-}$	Dihydrogenphosphat/Hydrogenphosphat
sehr schwach	9,2	NH_4^+/NH_3	Ammoniumion/Ammoniak
	9,4	HCN/CN^-	Blausäure/Cyanid
	10,4	HCO_3^-/CO_3^{2-}	Hydrogencarbonat/Carbonat
	12,3	HPO_4^{2-}/PO_4^{3-}	Hydrogenphosphat/Phosphat
	15,7	H_2O/OH^-	Wasser/Hydroxidion

Abb. 9.3 pK_s-Werte einiger Säuren, gemessen bei 25 °C

9

Die Säure HCl hat z. B. den pK_s-Wert −6,2. Nach der Dissoziation könnte die entstehende Base Cl^- prinzipiell ein Proton aufnehmen. Ihren pK_b-Wert erhält man durch umstellen der Formel als:

$$pKb = 14 - (-6,2) = 20,2$$

Wir erinnern uns: Ab einem pK_b von 4 spricht man von einer schwachen Base. Folglich ist das Cl^--Ion eine extrem schwache Base. Die zugehörige Regel lautet:

Die konjugierte Base zu einer starken Säure ist immer schwach. Die konjugierte Säure zu einer starken Base ist ebenfalls schwach.

LERNTIPP

Stellt euch einfach vor, dass bei einer starken Säure das Proton alles versucht, um sich zu lösen. Dementsprechend wird es nicht freiwillig zu der entstandenen Base zurückkehren!

9.3 pH-Wert-Berechnung

Man kann natürlich aus der Konzentration einer Säure oder Base in wässriger Lösung berechnen, wie viele H_3O^+/OH^--Ionen entstehen und damit auch, welchen pH-Wert die Lösung haben wird. Hierfür muss man allerdings zwischen starken und schwachen Basen unterscheiden.

9.3.1 Starke Säuren/Basen

Starke Säuren und Basen dissoziieren annähernd vollständig in Wasser. Dementsprechend kann man davon ausgehen, dass die Konzentration der H_3O^+-Ionen, die bei der Protolyse einer starken Säure entstehen, identisch zur Konzentration der Säure ist. Dementsprechend muss man nur noch den **negativen dekadischen Logarithmus** der Säurekonzentration berechnen, um den pH zu erhalten:

$$pH = -\log([\text{Säure}])$$

Analog kann man den pOH-Wert berechnen, der entsteht, wenn man eine starke Base in Wasser löst:

$$pOH = -\log([\text{Base}])$$

FÜR AHNUNGSLOSE

Wenn man eine Salzsäurelösung soweit verdünnt, dass die Säurekonzentration nur noch 10^{-11} mol/L beträgt, könnte man aufgrund der Formel glauben, dass der pH dieser Lösung nun 11 sein muss. Allerdings kann eine Säure in wässriger Lösung nie zu einem basischen pH führen. Richtig ist, dass sich der pH beim Verdünnen immer mehr an den neutralen pH von 7 annähert. Nun kommt noch mehr Wasser hinzu, was selbst natürlich auch in OH^--und H_3O^+-Ionen dissoziiert, sodass sich der pH bei 7 einpendelt.

9.3.2 Schwache Säuren/Basen

Die Formel zur pH/pOH-Wert-Berechnung für schwache Säuren/Basen ist etwas komplizierter. Da deren Herleitung für die meisten Klausuren nicht relevant sein sollte, wollen wir an dieser Stelle darauf verzichten. Wenn ihr sie trotzdem nachvollziehen wollt und dabei Hilfe benötigt, gibt es ein großes Spektrum an umfangreichen Chemielehrbüchern, die ihr konsultieren könnt.

Den **pH-Wert** einer **schwachen Säure** berechnet man als:

$$pH = 0,5 \times (pK_s - \log([\text{Säure}]))$$

Für den **pOH-Wert** einer **schwachen Base** gilt:

$$pOH = 0,5 \times (pK_b - \log([\text{Base}]))$$

9.4 Mehrprotonige Säuren

Ihr habt bereits eine Säure kennengelernt, die mehr als ein Proton abgeben kann: Die **Phosphorsäure (H_3PO_4).** Säuren dieser Art haben mehrere pK_s-Werte, was sich auch relativ leicht erklären lässt: Das erste Proton wird noch relativ einfach abgegeben. Ein einfach negativ geladenes Ion bleibt zurück. Dessen Ladung erklärt auch, warum das nächste Proton nun nicht mehr so leicht abgegeben wird: Die elektrostatischen Anziehungskräfte hindern es daran. Der pK_s Wert ist höher als der der ersten Dissoziationsstufe. Passiert es nun doch, entsteht ein zweifach negativ geladenes Ion. Für die letzte Dissoziationsstufe gilt das Gleiche. Die Protolysegleichungen für die Phosphorsäure lauten:

$$H_3PO_4 + H_2O \rightleftharpoons H_3O^+ + H_2PO_4^-$$
$$H_2PO_4^- + H_2O \rightleftharpoons H_3O^+ + HPO_4^{2-}$$
$$HPO_4^{2-} + H_2O \rightleftharpoons H_3O^+ + PO_4^{3-}$$

Für die pK_s-Werte gilt dabei:

$$pK_{s1} < pK_{s2} < pK_{s3}$$

Um die Anionen bei der Benennung unterscheiden zu können, macht man die Anzahl ihrer Wasserstoffteilchen zur Vorsilbe:

$H_2PO_4^-$ = Dihydrogenphosphat
HPO_4^{2-} = Hydrogenphosphat
PO_4^{3-} = Phosphat

Das Dihydrogenphosphat-Ion ist ein weiteres Beispiel für einen **Ampholyten.** Es kann entweder als Säure unter Protonenabgabe zum Hydrogenphosphat-Ion reagieren oder als Base unter Protonenaufnahme wieder Phosphorsäure bilden. Das Hydrogenphosphat-Ion ist ebenfalls ein Ampholyt.

Exkurs: Indikatoren

Im Chemiepraktikum kommt man am Bestimmen von pH-Werten von Lösungen nicht vorbei.

Man nutzt dafür sogenannte **Indikatoren,** also schwache Säuren, bei denen die Säure eine andere Farbe hat als die konjugierte Base.

Methode der Wahl sind dabei zumeist **Indikatorstreifen,** die ihre Farbe je nach pH-Wert ändern. Da sie durch ihre Färbung grundsätzlich bei jeder Lösung Auskunft über den pH-Wert geben können, bezeichnet man sie auch als **Universalindikatoren.**

Wenn beim Mischen etwa von einer Säure und einer Base ermittelt werden soll, wann ein bestimmter pH erreicht ist, nutzt man andere Indikatoren, bei denen bekannt ist, bei welchem pH Säure und konjugierte Base in etwa gleichem Verhältnis vorliegen, sprich, wann sie ihre Farbe ändern. Man träufelt also Indikator zu seiner Lösung und mischt, bis sich die Farbe ändert, was einem zu erkennen gibt, dass ein bestimmter pH erreicht ist.

9.5 Pufferlösungen

In vielen Bereichen des alltäglichen Lebens, wie auch im Körper des Menschen, ist es wichtig, dass der pH-Wert von Lösungen annähernd konstant bleibt. Dies kann über eine **Pufferlösung** erreicht werden. Eine Pufferlösung besteht aus einer **schwachen Säure und ihrer konjugierten Base.** Gibt man zu solch einer Lösung eine starke Säure wie HCl, werden die Protonen, die das HCl freisetzt, von der Base des Puffers aufgenommen, ohne dass H_3O^+-Ionen entstehen. Bei Zugabe einer starken Base wie NaOH geben die Säuremoleküle des Puffers Protonen ab, um die OH^--Ionen „abzufangen" und zu H_2O zu neutralisieren. Natürlich kann man auch aus einer **schwachen Base und ihrer konjugierten Säure** eine Pufferlösung herstellen.

FÜR AHNUNGSLOSE

Warum verwendet man eine **schwache** Säure und die konjugierte Base für Pufferlösungen? Würde man eine starke Säure verwenden, wäre die konjugierte Base sehr sehr schwach. Somit würden Protonen, die bei Zugabe einer anderen Säure entstehen, nicht abgefangen werden, sondern könnten ungehindert H_3O^+-Ionen bilden und so den pH-Wert senken.

Um den pH-Wert eines Puffers berechnen zu können, kann man sich aus dem Massenwirkungsgesetz eine Gleichung herleiten. Einmal mehr ist die Herleitung allerdings wenig klausurrelevant – die Formel (namens **Henderson-Hasselbalch-Gleichung**) dafür umso mehr!

$$pH = \frac{pK_s + \lg[A^-]}{[HA]}$$

Man erkennt: Der pH-Wert der Pufferlösung hängt nur vom **pK_s-Wert der Säure** sowie vom **Verhältnis der Konzentrationen von Säure und konjugierter Base zueinander** ab. Auch wenn man den Puffer mit Wasser verdünnt, ändert sich sein pH-Wert nicht. Die **Kapazität** eines Puffers wird natürlich auch durch die Anzahl der Moleküle, die vorhanden sind, beeinflusst.

Wenn Säure und Base in gleicher Konzentration vorliegen, ist der Quotient gleich 1. Der Logarithmus zur Basis 10 von 1 ist 0. Somit ist der **pK_s- gleich dem pH-Wert, wenn die Konzentrationen von**

Säure und Base identisch sind. Der Puffer ist hier am wirkungsvollsten.

Wenn die Konzentration der Säure **10-mal größer** ist als die Konzentration der Base oder umgekehrt, verliert der Puffer seine Wirkung. Ein Puffer arbeitet also im Bereich von $pH = pK_s \pm 1$.

Das Faktenwissen zu Pufferlösungen (Woraus bestehen sie? In welchem Bereich entfalten sie ihre Wirkung? etc.) lässt sich leicht abprüfen. Nebenbei kann man sich bereits jetzt merken, dass dem **Kohlensäurepuffer** im menschlichen Blut die größte Bedeutung zukommt, wobei dieser von **Hämoglobin** und **Proteinatpuffer** unterstützt wird. Zudem bieten sich zu diesem Thema Rechenaufgaben an, bei denen man ohne Grundkenntnisse von Logarithmen schnell an seine Grenzen stößt!

FÜR AHNUNGSLOSE

Lasst euch nicht davon irritieren, dass in einigen Beispielaufgaben, auf die ihr in eurer Ausbildung stoßen könntet, von **Natriumacetat** und nicht von **Acetat-Ionen** die Rede ist. Acetat-Ionen (Anionen der Essigsäure) liegen in der Realität in einem Salz vor, welches man in Wasser löst, um den Puffer herzustellen, in diesem Fall zusammen mit Natrium-Ionen. Die Formulierung kann zwar zunächst verwirrend wirken, muss einen in der Prüfung aber nicht weiter kümmern, da sich die Natriumionen nicht auf den pH-Wert auswirken.

Da die Kohlensäure am wichtigsten Puffersystem unseres Blutes beteiligt ist, lohnt es sich, sich mit ihr zu beschäftigen: Kohlensäure (H_2CO_3) entsteht, wenn CO_2 in Wasser gelöst wird, etwa wenn Zellen CO_2 als Stoffwechselprodukt ins Blut abgeben:

$$CO_2 + H_2O \leftrightharpoons H_2CO_3$$

Da das Kohlensäuremolekül aber vergleichsweise gern sein Proton abgibt, dissoziiert es und bildet mit einem weiteren Wassermolekül ein H_3O^+-Ion:

$$H_2CO_3 + H_2O \leftrightharpoons H_3O^+ + HCO_3^-$$

Die weitere Dissoziation zum CO_3^{2-}-Ion soll uns an dieser Stelle nicht interessieren.

Die gesamte Reaktionsgleichung lautet folglich:

$$CO_2 + 2H_2O \leftrightharpoons H_3O^+ + HCO_3^-$$

9.6 Titration

Was passiert, wenn man eine Säure und eine Base miteinander reagieren lässt? Die Reaktion zwischen Salzsäure und Natriumhydroxid verläuft folgendermaßen:

$$HCl + NaOH \rightleftharpoons NaCl + H_2O$$

Die OH^--Ionen des NaOH bilden mit den H^+-Ionen aus dem HCl Wasser, während die Cl^--Ionen mit den Na^+-Ionen ein Salz bilden, sodass allgemein gilt:

$$\textbf{Säure + Base} \rightleftharpoons \textbf{Salz + Wasser}$$

Diese Reaktion nennt man auch **Neutralisation,** da Ionen, die sonst den pH-Wert beeinflussen würden, sich gegenseitig neutralisieren, was zu einem neutralen pH von 7 führt.

Man macht sich dies zunutze, wenn man die Konzentration von H_3O^+-Ionen in einer unbekannten sauren Lösung bestimmen will und nutzt dafür die sogenannte **Titration.** Man gibt kontinuierlich eine alkalische Lösung zu, deren Konzentration an OH^--Ionen bekannt ist, solange, bis sich die Ionen gegenseitig vollständig neutralisiert haben. Aus dem Volumen der zugegebenen alkalischen Lösung und deren Konzentration kann man nun berechnen, wie viele OH^--Ionen zur Neutralisation nötig und damit auch wie viele H_3O^+-Ionen ursprünglich in der Ausgangslösung vorhanden waren. Wichtig ist allerdings, ob die verwendeten Säuren und Basen schwach oder stark sind.

9.6.1 Titration einer starken Säure mit einer starken Base

Zum Verständnis ist es hilfreich, zunächst eine Titration zu betrachten, bei der die Konzentrationen von Säure und Base bekannt sind:

In einem Gefäß befinden sich 10 ml 0,1M Salzsäure. Die Formel zur Berechnung des pH-Werts einer starken Säure wurde bereits vorgestellt ($pH = -\log([\text{Säure}])$), sodass der pH-Wert zu Beginn der Neutralisation gleich 1 ist.

Nun beginnt man mit der Zugabe von 0,1M Natriumhydroxid. Wenn man den pH-Wert im Auge behält, kann man eine Titrationskurve zeichnen (➤ Abb. 9.4).

Im Verlauf der Titration gelangt man zu dem Punkt, an dem sich identische Mengen HCl und NaOH im

Gefäß befinden. Man bezeichnet ihn als **Äquivalenzpunkt.** An diesem Punkt sind alle H_3O^+-Ionen der Säure mit OH^--Ionen der Base neutralisiert worden, sodass der pH = 7 ist. Der Äquivalenzpunkt entspricht deshalb in diesem Fall auch dem **Neutralpunkt.**

Gibt man nun noch mehr NaOH hinzu, wird der pH-Wert immer alkalischer, solange, bis die Konzentration an OH^--Ionen nahezu genauso hoch ist wie die in der reinen NaOH-Lösung, mit der man titriert hat.

FÜR AHNUNGSLOSE

Warum ändert sich der pH-Wert um den Äquivalenzpunkt herum sehr stark, auch wenn man nur wenig Säure zugibt? Hierfür muss man sich klarmachen, dass der pH-Wert als Logarithmus definiert ist. Wenn man von 10^{-2} (also 0,01) auf 10^{-1} (also 0,1) kommen möchte, muss man 0,09 zugeben. Um von 10^{-7} (0,0000001) auf 10^{-6} (0,000001) zu kommen, muss man nur 0,0000009 zugeben. Die starke Änderung des pH-Werts in diesem Bereich beruht also letztlich darauf, dass die „Abstände" auf der Skala kleiner werden. Simple Mathematik!

9.6.2 Titration einer starken Base mit einer starken Säure

Die Kurve beginnt beim hohen pH-Wert der Ausgangslösung und nimmt, unter Säurezugabe, immer weiter ab. Ansonsten gibt es keine wesentlichen Unterschiede.

9.6.3 Titration einer schwachen Säure mit einer starken Base

Bereits der Ausgangs-pH-Wert berechnet sich bei der Titration einer schwachen Säure nicht wie bei der einer starken, denn schließlich ergibt sich deren pH nach der Formel:

$$pH = 0,5 \times \left(pKs - \log\left([\text{Säure}]\right)\right)$$

Am Beispiel einer 0,1M Essigsäure erhält man:

$$pH = 0,5 \times \left(4,75 - \log\left([0,1]\right)\right) = 2,875$$

Bei der Titration schwacher Säuren sind die **Halbäquivalenzpunkte** von besonderer Bedeutung. Das ist der Punkt, an dem die **Hälfte der Säure neutralisiert** ist.

Aber warum ist der Halbäquivalenzpunkt bei der Titration einer schwachen Säure mit einer starken Base so wichtig?

Da hier bereits die Hälfte der Säure neutralisiert wurde, liegen die schwache Säure und die konjugierte Base zu gleichen Teilen vor – und das nennt man **Puffer!** Nach der Henderson-Hasselbalch-Gleichung

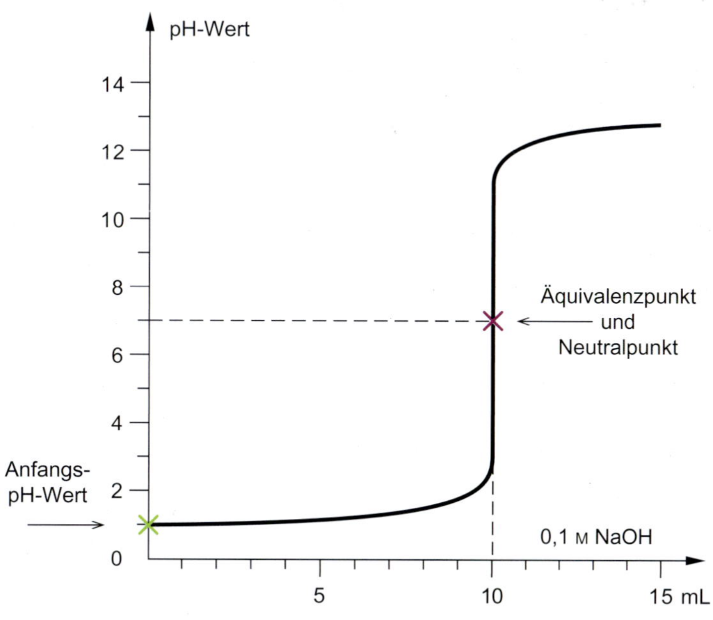

Abb. 9.4 Titration: Starke Säure mit starker Base

9

ist der **pH = pK_s** und **ändert sich auch bei weiterer Titration zunächst kaum** (➤ Abb. 9.5).

FÜR DIE KLAUSUR

An den horizontalen Pufferbereichen kann man in Klausuren relativ gut erkennen, ob die gezeigte Titrationskurve zu einer schwachen Säure gehört.

Bei weiterer Titration gelangt man zum **Äquivalenzpunkt.** In diesem Fall **entspricht er allerdings nicht dem Neutralpunkt.** Warum nicht? Aus der Essigsäure entstehen bei der Dissoziation Acetat-Ionen. Acetat-Ionen können als Base reagieren und tun dies auch, sodass OH^--Ionen entstehen. Da sich die Natrium-Ionen aus NaOH nicht auf den pH-Wert auswirken, wird die Lösung leicht alkalisch.

LERNTIPP

Wer sich nicht immer herleiten möchte, welche Ionen den Äquivalenzpunkt wie beeinflussen, kann sich einfach merken, dass der **„starke" Titrationspartner den Äquivalenzpunkt auf seine Seite zieht** (starke Base führt zu alkalischem Äquivalenzpunkt).

Mit diesem Wissen sollte die **Titration einer schwachen Base mit einer starken Säure** auch kein Problem mehr sein!

9.6.4 Titration einer schwachen Base mit einer schwachen Säure

Diese Titration ist eher von nachrangiger Bedeutung. Die Kurve ist in *y*-Richtung gestaucht, da die pH-Werte zu Anfang und am Ende näher am Neutralpunkt liegen, denn schließlich stellen sich bei schwachen Säuren und Basen keine so extremen pH-Werte ein.

9.6.5 Titration mehrprotoniger Säure

Diese Titrationen lassen sich leicht daran erkennen, dass sich an jedem der pK_s-Werte Pufferbereiche bilden, die zu einem mehr oder weniger ausgeprägten horizontalen Verlauf der Kurve führen. Dies lässt sich z. B. bei der Titration der Phosphorsäure mit einer starken Base beobachten (➤ Abb. 9.6).

Exkurs: Mesomerie

Ein wichtiges Phänomen, mit dem wir uns an dieser Stelle vertraut machen wollen, ist die Mesomerie.

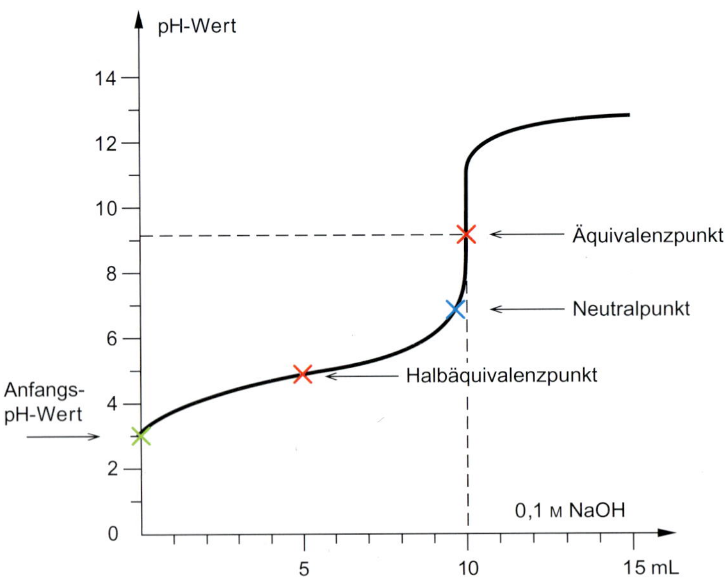

Abb. 9.5 Titration: Schwache Säure mit starker Base

9

Wir erinnern uns: Das Ziel eines Atoms ist es, Edelgaskonfiguration zu erreichen. In einem Molekül ist es manchmal möglich, dass es mehrere Strukturformeln gibt, bei denen alle Atome des Moleküls die Oktettregel erfüllen. Welche Struktur nimmt das Molekül dann letztlich an? Man kann es nicht wirklich sagen, da sich die Elektronen permanent zwischen diesen Zuständen hin und her bewegen. Man kann lediglich die zwei extremsten Zustände (zwischen denen die Elektronen sich bewegen) als **Grenzstrukturen** angeben und macht sie durch einen **Doppelpfeil** (nicht zu verwechseln mit „⇋" für Gleichgewichtsreaktionen) als solche erkennbar (➤ Abb. 9.7).

Ihr solltet wissen, dass sich mesomere Strukturen **energetisch sehr günstig** auswirken, und dass Teilchen, die zur Mesomerie in der Lage sind, daher bevorzugt entstehen. Kann z. B. eine Säure ein Proton abgeben, wobei das Anion zur Mesomerie befähigt ist, wird das Anion stabilisiert und die Dissoziation findet verstärkt statt.

Beispiele hierzu folgen in den Kapiteln zur organischen Chemie.

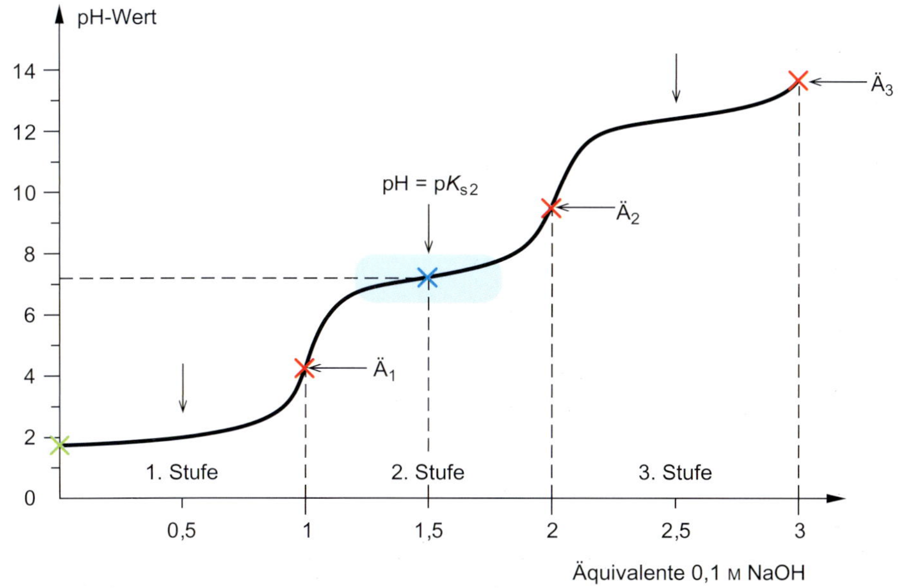

Abb. 9.6 Titration einer mehrprotonigen Säure mit einer starken Base

Exkurs: Salze

Die Ionenbindung wurde bereits abgehandelt – warum also jetzt noch ein Exkurs zum Thema Salze? Weil für einige der Fakten, die ihr hier präsentiert bekommen werdet, grundlegende Kenntnisse der Thermodynamik notwendig sind!

Zunächst solltet ihr wissen, dass Salze in Wasser in ihre Ionen dissoziieren. Da sich die polaren Wassermoleküle zu den geladenen Ionen hingezogen fühlen, werden die einzelnen Ionen von Hüllen aus Wassermolekülen, sogenannten **Hydrathüllen,** umgeben. Den gesamten Vorgang bezeichnet man als **Hydratisierung.** Hierzu solltet ihr euch einige Fakten einprägen:

- Wassermoleküle werden weniger stark zum Kern eines Ions hingezogen, wenn die Elektronenhülle des Ions sehr groß ist und die Kernladung ab-

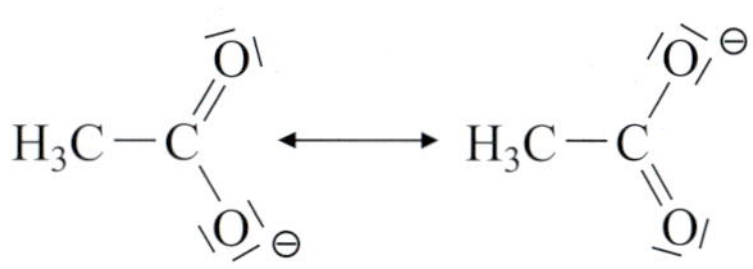

Abb. 9.7 Mesomere Grenzstrukturen

schirmt. Folglich besitzen **kleinere Ionen eine größere Hydrathülle** als große Ionen. Anders gesagt: Die Größe der Hydrathülle und die Atomradien sind innerhalb einer Gruppe im PSE antikorreliert.

- Lösen sich Salze in Wasser, so muss zum Aufbrechen des Gitters die **Gitterenergie** ΔH_U überwunden werden. Gleichzeitig wird aber bei der Bildung der Hydrathülle Wärme frei (**Hydratationsenthalpie** ΔH_H). Aus der Differenz zwischen beiden Enthalpien kann man die **Lösungsenthalpie** ΔH_L berechnen. Sie sagt aus, ob beim Lösen eines Salzes in Wasser Wärme frei oder verbraucht wird: $\Delta H_L = \Delta H_H - \Delta H_U$. Ist ΔH_L dabei > 0 erwärmt sich die Lösung, da die Hydratationswärme die Gitterenergie übersteigt und umgekehrt.
- Man kann selbstverständlich nicht endlos viel Salz in einem Lösungsmittel lösen. Die Löslichkeit hängt unter anderem von Salz, Lösungsmittel und Temperatur ab, was uns nicht davon abhält, sie für ein bestimmtes Salz in einem bestimmten Lösungsmittel bei einer bestimmten Temperatur zu quantifizieren. Hierzu gibt man das **Löslichkeits**- oder **Ionenprodukt** an. Das ist das Produkt der Ionenkonzentrationen, die gerade noch gelöst existieren können, ohne dass das Salz auszufallen beginnt, also als Feststoff sichtbar wird. Man berechnet es als: **L = [Kation] × [Anion]**

9.7 Übungen

1. Berechne den pH-Wert einer 0,15 molaren Essigsäurelösung ($pK_s = 4{,}75$). Taschenrechner erlaubt!
2. Berechne den pH-Wert (nicht pOH) einer 0,20 molaren Ammoniak-Lösung ($pK_b = 4{,}75$). Taschenrechner erlaubt!
3. Welche Aussage trifft zu?
   a. Je größer das Löslichkeitsprodukt, desto schlechter löst sich ein Salz in Wasser.
   b. Zeigen Strukturen Mesomerie, sind sie in der Regel stabiler als vergleichbare nicht-mesomere Substanzen.
   c. Auch schwache Säuren dissoziieren fast vollständig in Wasser.
   d. Bei der Titration einer schwachen Säure mit einer starken Base liegt der pH am Äquivalenzpunkt bei Werten unter 7.
4. Bei welchem pH liegt der Halbäquivalenzpunkt, wenn man Essigsäure titriert?

KAPITEL

10 Redoxreaktionen

Die Redoxchemie befasst sich mit der Abgabe und Aufnahme von **Elektronen.** Da diese Vorgänge auch bei der Energiegewinnung der Zelle von Bedeutung sind, sind sie fester Bestandteil der Chemie im Medizinstudium. Bevor ihr euch in die klausurrelevanten Themen stürzt, sind ein paar Begriffe zu klären:

10.1 Definitionen

Gibt ein Stoff Elektronen ab, wird er **oxidiert.** Nimmt ein Stoff Elektronen auf, wird er **reduziert.** Da in der Natur Elektronen nicht einfach abgegeben werden, um dann frei im Raum herumzuschwirren, finden Elektronenabgabe und Aufnahme in einer gekoppelten **REDuktions-OXidations-Reaktion (Redoxreaktion)** statt.

LERNTIPP

Reduktion = meh**r** (Elektronenaufnahme)
Oxidation = E**x** (Elektronenabgabe)

Da es manchmal etwas kompliziert sein kann, zu erkennen, wo Elektronen aufgenommen und wo sie abgegeben werden, nutzt man die **Oxidationszahlen** als Hilfsmittel. Oxidationszahlen sind als „formale Ladungen" definiert. Was zunächst verwirrend klingt, ist eigentlich ganz einfach: Die Oxidationszahl vergleicht den Zustand eines Atoms mit dem Zustand, den es als Element hat. Die folgenden Regeln sollten Klarheit schaffen:

1. Liegt ein Stoff als Element vor, hat er genau so viele Elektronen, wie sie seiner Kernladungszahl entsprechen, und erhält die Oxidationszahl 0.
2. Liegt ein Stoff als Ion vor, hat er genau so viele Elektronen mehr oder weniger, wie es seine Ladung angibt. Seine Oxidationszahl entspricht folglich der Ladung (Mg^{2+} hat 2 Elektronen weniger als das Mg-Atom und somit die Oxidationszahl +2).

Aufpassen muss man bei Molekülen! Zur Erinnerung: Die Atome sind über gemeinsam bindende Elektronenpaare verbunden. Das Elektronenpaar wird bei der Bestimmung der Oxidationszahl immer dem elektronegativeren Partner zugeordnet. Es bietet sich deshalb an, Moleküle zu zeichnen und mit einem Bleistift die Elektronenpaare zuzuordnen. Dann zählt man für jedes Atom die Elektronen, die ihm zugeordnet werden und vergleicht diese Anzahl mit der, die es im elementaren Zustand hätte (➤ Abb. 10.1).

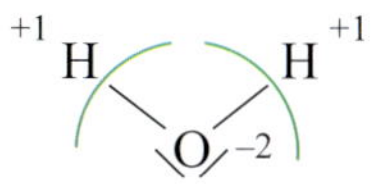

Abb. 10.1 Zeichnerische Bestimmung der Oxidationszahlen

Möchte man sich das Zeichnen der Strukturformel sparen, kann man sich mit den folgenden Regeln behelfen:

1. Fluor erhält die Oxidationszahl −1
2. Sauerstoff die Oxidationszahl −2
3. Die Alkalimetalle (1. Hauptgruppe) und Wasserstoff erhalten die Oxidationszahl +1
4. Die Erdalkalimetalle (2. Hauptgruppe) erhalten die Oxidationszahl +2
5. Die Summe aller Oxidationszahlen entspricht der Ladung der Verbindung

Das Zeichnen eines Moleküls ist jedoch die sicherste Methode zur Bestimmung der Oxidationszahlen. Wenn die Regeln bei einer Verbindung nicht ausreichen, merkt man das zumeist daran, dass sich bei der Oxidationszahlbestimmung nach ebendiesen Regeln ein Widerspruch einstellt, etwa beim **Wasserstoffperoxid (H_2O_2)** (➤ Abb. 10.2).

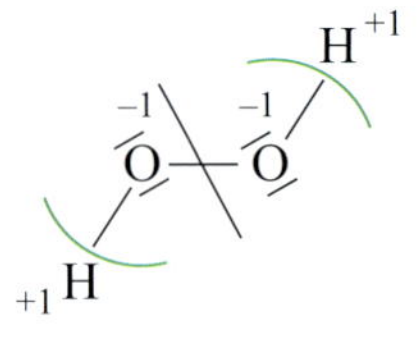

Abb. 10.2 Wasserstoffperoxid

Wenn man Sauerstoff, gemäß Regel 2, die Oz −2, und Wasserstoff, gemäß Regel 3, die Oz +1 zuweist, ergibt sich als Summe der Oxidationszahlen −2. Da die Verbindung aber ungeladen ist, sollte die Summe eigentlich gleich 0 sein. Abhilfe kann nur Kenntnis der Struktur des Moleküls schaffen.

! ACHTUNG

Bei den Elektronegativitäten haben wir gelernt, dass eine Bindung zwischen Wasserstoff und Kohlenstoff aufgrund ähnlicher Elektronegativitäten als unpolar bezeichnet wird (➤ Kap. 4.1). Trotzdem wird das bindende Elektronenpaar bei der Bestimmung der Oxidationszahlen dem Kohlenstoff zugewiesen!

Da eine **Reduktion** mit der Aufnahme von Elektronen verbunden ist, bewirkt sie eine **Erniedrigung der Oxidationszahl,** während eine **Oxidation** mit einer **Erhöhung der Oxidationszahl** verbunden ist.

LERNTIPP

Wenn man nicht mehr weiß, ob eine Oxidation zu einer Erhöhung oder Erniedrigung der Oz führt, muss man nur genau hinschauen: Denn das Wort O**x**idationszahlen enthält bereits ein **+,** es ist lediglich ein bisschen gekippt.

Die letzten Definitionen, die man kennen sollte:

Ein **Reduktionsmittel** hilft seinem Reaktionspartner, indem es ihn reduziert. Folglich muss es selbst **Elektronen abgeben,** also **oxidiert** werden, was mit einer **Erhöhung der Oxidationszahl** einhergeht.

Ein **Oxidationsmittel** hilft seinem Reaktionspartner, indem es ihn oxidiert. Folglich muss es selbst **Elektronen aufnehmen,** also **reduziert** werden, was mit einer **Erniedrigung der Oxidationszahl** einhergeht.

10.2 Spannungsreihe

Man kann bestimmen, ob ein Stoff gerne Elektronen abgibt, also leicht oxidiert wird, oder eben nicht. Diese „Abgabefähigkeit" kann man sogar quantifizieren, dazu aber später mehr. Zunächst solltet ihr nur wissen, dass man Stoffe nach ihrem Bestreben Elektronen abzugeben ordnen kann und zwar in der **elektrochemischen Spannungsreihe** (➤ Abb. 10.3) (die ihr natürlich nicht auswendig lernen müsst).

Man sieht: Die Stoffe sind so sortiert, dass die oxidationsfreudigen Stoffe, die ihre Elektronen leicht abgeben, oben stehen, und die, die ihre Elektronen gerne behalten (wie das sehr elektronegative Fluor) unten. Anders gesagt: Die **Oxidationskraft** nimmt von oben nach unten zu, da das Fluor auch gerne mal Elektronen aufnimmt, also einen anderen Stoff oxidiert, und zum F^--Ion wird. Die **Reduktionskraft** nimmt von oben nach unten ab, da das Fluor sicherlich keine Elektronen abgeben wird, und somit keinen anderen Stoff reduzieren wird.

Übrigens: Die Metalle, die weit unten in der Spannungsreihe stehen, ihre Elektronen also nicht gerne abgeben, heißen **Edelmetalle.** Andere Metalle wie etwa Natrium sind dagegen **unedel.**

	Ox			Red		E^0 (Volt)
geringe Oxidationskraft					hohe Reduktionskraft	
	Na^+	+ e^-	⇌	Na		−2,71
	Mg^{2+}	+ 2 e^-	⇌	Mg		−2,40
	Zn^{2+}	+ 2 e^-	⇌	Zn		−0,76
	Fe^{2+}	+ 2 e^-	⇌	Fe		−0,44
	2 H_3O^+	+ 2 e^-	⇌	H_2 + 2 H_2O		0,00
	Cu^{2+}	+ 2 e^-	⇌	Cu		+0,35
	I_2	+ 2 e^-	⇌	2 I^-		+0,58
	Chinon + 2 H_2O^+	+ 2 e^-	⇌	Hydrochinon + 2 H_2O		+0,70
	Fe^{3+}	+ e^-	⇌	Fe^{2+}		+0,77
	Ag^+	+ e^-	⇌	Ag		+0,81
	Hg^{2+}	+ 2 e^-	⇌	Hg		+0,86
	O_2 + 4 H_3O^+	+ 4 e^-	⇌	2 H_2O + 4 H_2O		+1,24
	Cl_2	+ 2 e^-	⇌	2 Cl^-		+1,36
	F_2	+ 2 e^-	⇌	2 F^-		+2,86
hohe Oxidationskraft					geringe Reduktionskraft	

Abb. 10.3 Wichtige Elemente in der Spannungsreihe

Betrachtet man nun einen Stoff in der Spannungsreihe, steht links seine oxidierte Form. Nimmt er die Elektronen auf, gelangt er zur rechts-stehenden reduzierten Form.

Eine Reaktion kann also nur stattfinden, wenn die Elektronen **„von rechts oben nach links unten"** fließen. Die reduzierte Form des unedleren Stoffes spendet also die Elektronen, die die oxidierte Form des edleren Stoffes benötigt, um in die reduzierte Form überzugehen.

Wenn zwei Reaktionspartner in der Spannungsreihe sehr weit voneinander entfernt sind, ist die **Triebkraft** der Reaktion sehr stark und es wird viel Energie frei.

FÜR DIE KLAUSUR

Ihr solltet ein Metall grob als edel oder unedel einordnen können. Außerdem schadet es nicht, wenn man aus der Spannungsreihe bestimmen kann, ob eine Reaktion freiwillig abläuft.

10.3 Nernst-Gleichung

In der Spannungsreihe findet ihr die sogenannten **Normalpotenziale** (E^0). Wie diese Werte bestimmt wurden, ist für eure weitere Karriere eher nachrangig. Ihr solltet aber wissen, dass man bei einer Redoxreaktion die Differenz der Normalpotentiale der beiden Reaktionspartner bilden kann, um damit die Triebkraft der Reaktion abschätzen zu können. Je größer die Differenz (also je weiter die Entfernung der Elemente voneinander in der Spannungsreihe) desto größer ist die Triebkraft der Reaktion.

Allerdings hängt die tatsächliche Triebkraft der Reaktion, die in eurem Reagenzglas abläuft, noch von anderen Faktoren ab, wie z. B. der **Temperatur** oder den **Konzentrationen von Oxidations- und Reduktionsmittel.** Diese Faktoren sind im sogenannten **spezifischen Potenzial** berücksichtigt, das man mittels der Nernst-Gleichung berechnen kann. Diese wird euch in der Physiologie, vor allem in einer etwas einfacheren Form begegnen. Die Formel sieht imposant aus, die meisten Komponenten sind aber entweder konstant oder problemlos messbar.

$$E = E_0 + \frac{R \times T}{z \times F} \times \ln \frac{[Ox]}{[Red]}$$

R (allgemeine Gaskonstante) = 8,31 kJ/mol × *K*
E^0 = Normalpotenzial
F = Faraday-Konstante
T = Temperatur **in Kelvin**
n = Anzahl der übertragenen Elektronen
[Ox][Red] = Konzentrationen von Oxidations- und Reduktionsmittel

Ein Fakt, den ihr euch einfach (für das Physikum) merken solltet: Da bei der Oxidation von **Hydrochinon** Protonen entstehen, hängt dabei das spezifische Potenzial auch vom pH-Wert der Lösung ab.

10.4 Elektrochemische Zelle

Betrachten wir nun die Metalle Kupfer und Zink, erkennen wir, dass Kupfer das edlere Metall ist. Taucht man einen Zinkstab (Zn) in eine Kupfersulfat-($CuSO_4$-)Lösung, also eine Lösung, die aus Cu^{2+} und SO_4^{2-}-Ionen besteht, so gehen die Elektronen vom elementaren Zink auf die Kupfer-Ionen über. Diese werden zu elementarem Kupfer reduziert, was sich in einer Kupferschicht auf der Zinkelektrode äußert. Die Zink-Ionen, die aus dem Zink entstehen, gehen nun ihrerseits in Lösung. Die Sulfat-Ionen sind an der Reaktion nicht beteiligt.

$$Zn + Cu^{2+} \rightarrow Cu + Zn^{2+}$$

10

Um sich den Elektronenstrom, der uns Energie liefern könnte, zunutze zu machen, benötigen wir allerdings einen anderen Versuchsaufbau: Taucht man eine Zinkelektrode in eine Zinksulfatlösung (also eine Lösung, die Zink-Ionen enthält) und verbindet diese über einen Draht mit einer Kupferelektrode, die wiederum in eine Kupfersulfatlösung

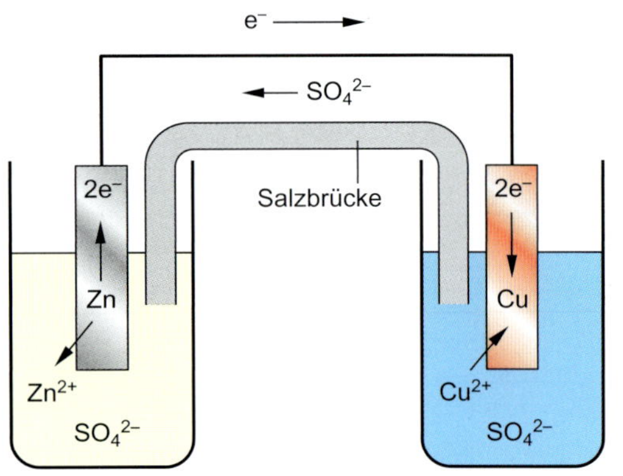

Abb. 10.4 Elektrochemische Zelle aus Zn/Cu

getaucht ist, passiert zunächst nichts. Man könnte zwar glauben, dass das unedlere Zink Elektronen abgibt, sodass die entstehenden Zink-Ionen in Lösung gehen, während die Elektronen zur Kupferelektrode wandern, um dort Kupfer-Ionen aus der Lösung zu Kupfer zu reduzieren (den Elektronenstrom könnte man dabei nutzen), aber das passiert nicht, da sich dabei die Kupfer**halbzelle** gegenüber der Zinkhalbzelle negativ aufladen würde. Die Natur strebt schließlich nach Ausgleich! Man kann allerdings Abhilfe schaffen: Indem man es den negativ geladenen Sulfat-Ionen ermöglicht, von der Kupferhalbzelle in die Zinkhalbzelle zu wandern –, etwa über eine **Salzbrücke** oder durch eine **selektiv permeable Membran** – können sie den Elektronenfluss in die Kupferhalbzelle ausgleichen, indem sie selbst „auswandern“ (negativ geladene Elektronen rein – negativ geladene Sulfat-Ionen raus) (➤ Abb. 10.4).

Im Zusammenhang mit Elektroden sind auch die Begriffe **Anode** und **Kathode** wichtig:

Die **Anode ist der Ort der Oxidation.** In diesem Beispiel ist die Zinkelektrode die Anode, da hier ein Stoff Elektronen abgibt. Folglich ist die **Kathode der Ort der Reduktion.** In unserem Beispiel werden an der Kupferelektrode die Kupfer-Ionen zu elementarem Kupfer reduziert.

LERNTIPP

Anode = **O**xidation … das ist das **A** und **O!** (Berlin-Regel)

10.5 Übungen

Bestimmt ohne zu zeichnen die Oxidationszahlen der Atome in den folgenden Verbindungen:

1. SO_2
2. $COCl_2$
3. MnO_4^-
4. O_2
5. HBrO
6. Welche Aussage trifft nicht zu?
   a. Eine Reduktion geht mit einer Verringerung der Oxidationszahl einher.
   b. In einer elektrochemischen Zelle entstehen an der Anode positiv geladene Ionen.
   c. Bei einem Oxidationsmittel erhöht sich während einer Reaktion zu Oxidationszahl.
   d. Fluor ist ein starkes Oxidationsmittel.

KAPITEL

11 Grundlagen der organischen Chemie

11.1 Einführung

Die organische Chemie befasst sich mit den **Verbindungen des Kohlenstoffs.** Nicht alle Verbindungen, die Kohlenstoff enthalten, gehören jedoch zur organischen Chemie. So zählt man z. B. die Kohlenstoffoxide (CO, CO_2) und Cyanide zur anorganischen Chemie.

Verbindungen, bei denen Wasserstoff an Kohlenstoff gebunden ist, rechnet man zur organischen Chemie. Das sind im einfachsten Fall **Kohlenwasserstoffe.** Andere Elemente, mit denen Kohlenstoff in der organischen Chemie Verbindungen eingeht, sind vor allem **Sauerstoff** und **Stickstoff.** Elemente wie **Phosphor** und **Schwefel** sind zwar nicht ganz so wichtig, werden uns aber trotzdem gelegentlich begegnen.

11.1.1 Kohlenstoff

Warum ist Kohlenstoff für uns und all die Lebewesen auf dem Planeten so ein bedeutendes Element? Zunächst ist er auf die Erde reichlich verfügbar. Zudem reagieren Kohlenwasserstoffe gut mit Sauerstoff, wobei die Reaktion stark exotherm ist. Man unterscheidet dabei die **vollständige Verbrennung,** die stattfindet, wenn reichlich Sauerstoff vorhanden ist und die **unvollständige Verbrennung,** die stattfindet, wenn Sauerstoff nicht im Überschuss vorliegt. Vollständige Verbrennung:

$$CH_4 + 2O_2 \rightarrow CO_2 + 2H_2O$$

Man sieht: Bei der vollständigen Verbrennung eines Kohlenwasserstoffs entsteht lediglich Wasser und das Gas Kohlenstoffdioxid. Die unvollständige Verbrennung gestaltet sich anders:

$$CH_4 + O_2 \rightarrow C + 2H_2O$$

Wir sehen: Bei der unvollständigen Verbrennung entsteht in diesem Beispiel elementarer Kohlenstoff. In der Realität erkennt man diesen Kohlenstoff als Ruß.

Ein weiterer Grund, warum Kohlenstoff für die Lebensvorgänge auf diesem Planeten von so großer Bedeutung ist, ist seine Fähigkeit, verschiedene Bindungen auszubilden:

Zur Erinnerung: Kohlenstoff kann **sp^3**-, **sp^2**- oder **sp**-hybridisiert vorliegen und damit **Einfachbindungen** (aus einer σ-Bindung), **Doppelbindungen** (aus einer σ- und einer π-Bindung) und sogar **Dreifachbindungen** (aus einer σ- und zwei π-Bindungen) ausbilden.

Doppel- und Dreifachbindung sind vergleichsweise reaktiv und sind auf diese Weise Grundlage für diverse Stoffumwandlungen.

FÜR AHNUNGSLOSE

Warum sind Doppelbindungen reaktionsfreudiger als Einfachbindungen? Da die zwei bindenden Elektronenpaare zwischen den Atomen liegen, kommt es hier zu einer hohen Dichte negativer Ladung. Es ist naheliegend, dass positiv geladene Teilchen an die Doppelbindung herantreten, und es zu einer chemischen Reaktion kommt.

11.1.2 Bindungspartner des Kohlenstoffs

Wie bereits erwähnt, bindet Kohlenstoff am häufigsten an Wasserstoff. Da Wasserstoff und Kohlenstoff sich in ihrer Elektronegativität kaum unterscheiden, kann die Bindung zwischen Wasserstoff- und Kohlenstoffatomen als **unpolar** betrachtet werden. Da auch die Bindung zwischen zwei Kohlenstoffatomen selbstverständlich unpolar ist, sind gesättigte Verbindungen, die nur aus Kohlenstoff und Wasserstoff bestehen, grundsätzlich eher wenig reaktiv.

Neben Kohlenstoff- und Wasserstoffatomen kann es auch noch andere Teilchen in organischen Verbindungen geben, die man als **Heteroatome** bezeichnet.

Sie sind insofern interessant, als dass sich ihre Elektronegativitäten stark von denen des Kohlenstoffs unterscheiden können (Sauerstoff ist z. B. vergleichsweise stark elektronegativ). Da, wie ihr bereits wisst, das elektronegativere Atom das bindende Elektronenpaar zu sich zieht, bewirkt dies eine lokal stärker negative Ladung und damit eine **Polarisierung** der Atombindung. Am anderen Bindungspartner entsteht ein positiver Ladungsschwerpunkt. Da nun entgegengesetzt geladene Teilchen an der polarisierten Bindung angreifen können, ist die Reaktivität gegenüber einer unpolaren Bindung erhöht.

FÜR DIE KLAUSUR

Die Inhalte dieses Kapitels kann man natürlich nicht allzu gut abprüfen. Vielmehr sollen euch hier die Grundlagen vermittelt werden, durch die euch die restliche organische Chemie weit intuitiver erscheinen wird.

Eine weitere Grundlage, die euch das Verständnis der organischen Chemie erleichtern wird, ist der **induktive Effekt.** Das ist der Effekt, den ein Heteroatom auf die Elektronen einer Verbindung ausübt.

Man spricht von einem **negativen induktiven Effekt (–I-Effekt)** (> Abb. 11.1), wenn ein Atom, wie etwa der Sauerstoff (oder auch Chlor), durch seine hohe Elektronegativität **elektronenziehend** wirkt.

Man spricht von einem **positiven induktiven Effekt (+I-Effekt)** (> Abb. 11.2), wenn ein Atom durch einen Überschuss an Elektronen, wie er etwa bei Anionen, also negativ geladenen Teilchen, vorliegt, **elektronenschiebend** wirkt. Auch geringe Elektronegativitäten können zu einem +I-Effekt führen.

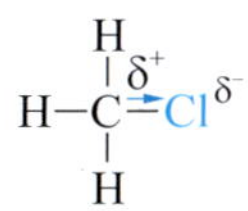

Chlormethan
(Methylchlorid)

Abb. 11.1 –I-Effekt im Chlormethan

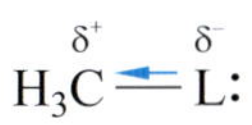

Abb. 11.2 +I-Effekt von Methyllithium

Heteroatome, wie auch Doppelbindungen, beeinflussen also die Reaktivität einer organischen Verbindung. Diese Strukturen nennt man deshalb auch **funktionelle Gruppen.** Ihr solltet in der Lage sein, die funktionellen Gruppen zu erkennen, die in diesem Buch vorgestellt werden, und die Namen der Stoffklassen, die sich daraus ableiten, sollten euch geläufig sein. Dazu aber später mehr.

11.1.3 Reaktionen

Organische Verbindungen können grundsätzlich auf **vier verschiedene Weisen** reagieren:

Eine Reaktion lässt sich noch weiter charakterisieren: Man beschreibt quasi den „Beweggrund" der angreifenden Gruppe:

- Greift eine Gruppe ein Molekül an, weil sie selbst negativ geladen ist, freie Elektronenpaare besitzt oder über eine elektronenreiche π-Bindung verfügt, so bezeichnet man die Reaktion als **nukleophil** (kern-liebend).
- Greift eine Gruppe ein Molekül an, weil sie selbst positiv polarisiert ist (weil ihm etwa ein elektronegativeres Atom das bindende Elektronenpaar entzieht) oder weil sie, wie etwa ein positiv geladenes Kation, eine Elektronenlücke besitzt, so bezeichnet man die Reaktion als **elektrophil** (elektronenliebend). Außerdem wissenswert: Eine Reaktion zwischen einem Elektrophil und einem Nukleophil führt zur Ausbildung einer **kovalenten Bindung.**

Tab. 11.1 Wichtige Reaktionstypen der organischen Chemie

Typ	Reaktionsgleichung	Hinweise
Substitution	A—B + C ⟶ A—C + B	Ein Substituent (also ein Bindungspartner) wird durch einen anderen ersetzt. Der ursprüngliche Substituent wird frei.
Addition	A=B + C—D ⟶ A—B | | C D	Aus 2 mach 1!
Eliminierung	A—B | | C D ⟶ A=B + C—D	Aus 1 mach 2!
Isomerisierung	A—B | | C D ⟶ A—B | | D C	Das Molekül wird **umgelagert.** Die **Summenformel bleibt erhalten**!

FÜR AHNUNGSLOSE

„Kern-liebend" bezieht sich auf die Tatsache, dass die Kerne von Atomen **positiv** geladen sind. Da bei der angreifenden Gruppe ein Überschuss negativer Ladung vorliegt, ist es nur logisch, dass sie sich zu positiver Ladung hingezogen fühlt.
Umgekehrt fühlen sich „Elektronen-liebende" Gruppen durch ihre positive Ladung zu Elektronen hingezogen, da diese **negativ** geladen sind.
Übrigens: Der Begriff „angreifen" bedeutet ganz einfach, dass ein Molekül mit einem anderen eine Reaktion beginnt.

- Greift eine Gruppe ein Molekül an, weil sie selbst über ein oder mehrere ungepaarte Elektronen verfügt, so bezeichnet man die Reaktion als **radikalisch.** Radikale können entstehen, wenn eine Bindung zwischen zwei Atomen **homolytisch** gespalten wird, also so, dass jedes Atom ein ungepaartes Elektron erhält. Im Gegensatz dazu ist die **heterolytische** Spaltung vergleichsweise unfair. Eins der Atome erhält das gesamte Elektronenpaar und ist nun negativ geladen, während das andere mit einer Elektronenlücke positiv geladen zurückbleibt. Es entstehen also ein Nukleophil und ein Elektrophil (➤ Abb. 11.3).

11.2 Alkane

Die erste organische Stoffklasse, die wir in diesem Buch kennenlernen werden, sind die **Alkane.**

Alkane sind **Kohlenwasserstoffe,** die sich dadurch auszeichnen, dass jedes C-Atom sp^3-hybridisiert ist, also vier Einfachbindungen zu benachbarten Atomen ausbildet.

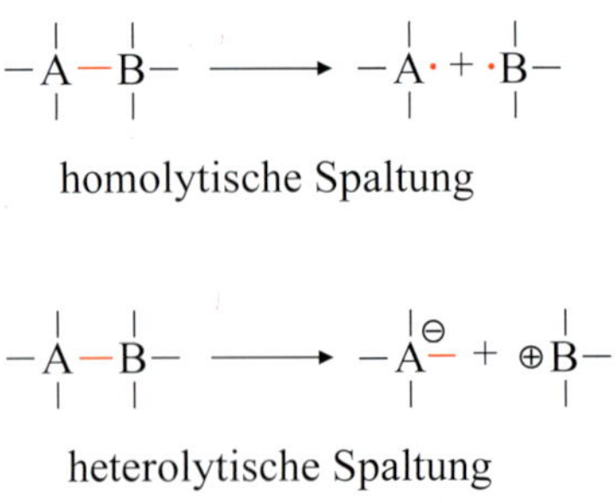

Abb. 11.3 Homolytische und heterolytische Spaltung

11.2.1 Homologe Reihe

Ein möglichst einfaches Alkan besteht nur aus einem C-Atom, das mit vier H-Atomen verbunden ist, das Methan. Kommt nun ein weiteres C-Atom dazu, müssen auch noch zwei weitere H-Atome dazukommen, damit alle Bindungen besetzt sind. Dies ist das zweiteinfachste Alkan, das Ethan (➤ Abb. 11.4). Durch eine weitere CH_2-Gruppe entsteht das nächstkomplexere Alkan. Diese Anordnung von einfachen zu komplexen Alkanen bezeichnet man als **homologe Reihe.**

Die Namen der Alkane mit ein bis vier C-Atomen müsst ihr auswendig lernen, wohingegen ihr die Bezeichnungen der größeren Alkane bereits etwa von den Chelatkomplexen kennt.

Ihr erkennt zudem: Die **Siedetemperatur nimmt mit zunehmender Größe des Moleküls zu.** Dieses Phänomen lässt sich durch die **stärkeren Van-der-Waals-Kräfte** erklären (➤ Kap. 5.2). So ist das kurze Propan bei Zimmertemperatur gasförmig (man denke an den Campingkocher), während höhere Al-

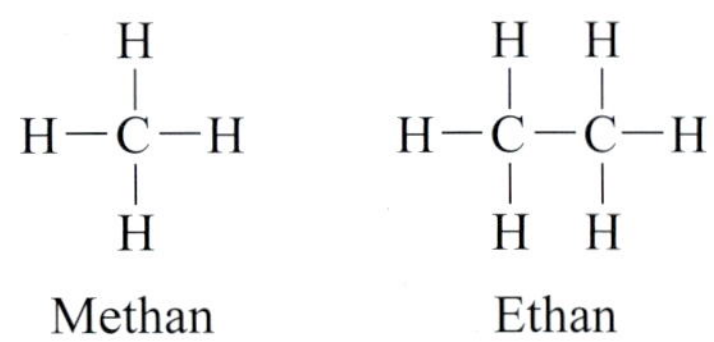

Abb. 11.4 Methan und Ethan

Tab. 11.2 Homologe Reihe der Alkane

Name	Summenformel	Siedepunkt bei Normaldruck in °C
Methan	CH_4	–162
Ethan	C_2H_6	–89
Propan	C_3H_8	–42
Butan	C_4H_{10}	0
Pentan	C_5H_{12}	36
Hexan	C_6H_{14}	69
Heptan	C_7H_{16}	98
Octan	C_8H_{18}	126

kane erst flüssig, dann zunehmend viskos und ab einer gewissen Kettenlänge auch fest sein können.

Außerdem kann man aus den Summenformeln herauslesen, dass allen Alkanen eine gemeinsame **allgemeine Summenformel** zugrunde liegt. Diese lautet $\mathbf{C_nH_{2n+2}}$.

FÜR AHNUNGSLOSE

Was bringt eine **allgemeine Summenformel?** Will man wissen, wie viele Wasserstoffatome ein Alkan mit 20 C-Atomen besitzt, muss man nur für „*n*" die Zahl 20 einsetzen und erhält auf diese Weise die korrekte Summenformel.

11.2.2 Konstitutionsisomere und Nomenklatur

Es wurde bereits erwähnt, dass **Summenformeln** das Verhältnis der Atome in einer Verbindung zueinander angeben. **Strukturformeln** dagegen machen deutlich, wie die Atome untereinander verknüpft sind. Bei Alkanen, die genauso lang wie oder länger als Butan sind, kann man allerdings aus der Summenformel mehrere Strukturformeln „basteln", indem man die C-Atome nicht in einer Kette, sondern verzweigt anordnet (➤ Abb. 11.5). Solche Moleküle, die sich in ihrer Strukturformel unterscheiden, obwohl sie die gleiche Summenformel haben, nennt man **Konstitutionsisomere.**

Wenn man die Moleküle nicht durch ihre Summenformel eindeutig charakterisieren kann, muss man wenigstens dafür sorgen, dass jedes Molekül einen eindeutigen Namen erhält. Aus diesem Grund wurde die **IUPAC-Nomenklatur** (IUPAC steht für International Union of Pure and Applied Chemistry) eingeführt, deren grundlegende Regeln zur Nomenklatur man kennen sollte.

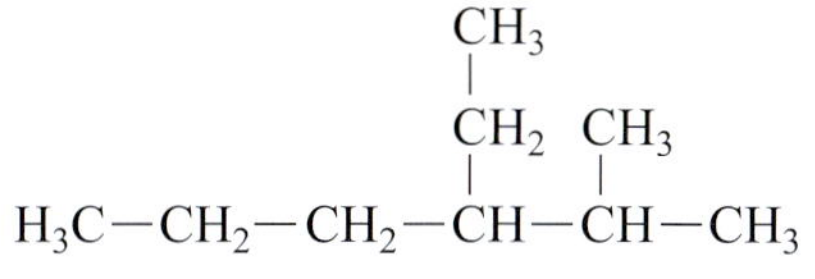

Abb. 11.5 Ein verzweigtes Alkan

ACHTUNG

Manche Moleküle haben neben ihrem IUPAC-Namen auch noch einen oder mehrere anderen Namen, die historisch bedingt sind und sich nicht aus der Struktur- bzw. Summenformel ableiten lassen. Da diese Namen aber teilweise nach wie vor gebräuchlich sind, werden sie, dort wo sie noch relevant sind, in diesem Buch erwähnt.

Die Regeln werden dabei immer anhand eines Beispiels eingeführt:

1. Der Stammname der Verbindung wird bei Alkanen durch die **längste Kette** bestimmt, in unserem Fall Hex**an.** Die Endung „an" macht dabei deutlich, dass es sich um ein Alkan handelt.
2. Nun müssen die Seitenketten benannt werden: Dafür nummeriert man die Hauptkette so durch, dass die erste Seitenkette eine möglichst kleine Zahl erhält. In unserem Beispiel können wir der kürzeren Kette die Ziffer 2 zuteilen, während die längere Kette an Position 3 steht. Die Seitenketten erhalten natürlich auch einen Namen. Ein Rest aus einem C-Atom heißt **Methyl,** ein Rest aus zwei C-Atomen **Ethyl.** Die Reste werden also, abhängig von ihrer Länge, wie die Alkane benannt, lediglich mit der Endung „yl" statt „an". Die Position der Seitenkette wird durch eine Zahl und einen Bindestrich vor ihr deutlich gemacht. Die Seitenketten werden dabei **alphabetisch** sortiert. In unserem Beispiel heißt das Molekül mit Seitenketten folglich:

3-Ethyl-2-methylhexan

Liegen bei einer Verbindung zwei gleichlange Reste vor, werden die **Positionen beider Reste** angegeben, durch Kommas getrennt und die Vorsilbe „di" angehängt.

Übrigens: Der Präfix „***n***", wird im Rahmen der IUPAC-Nomenklatur nicht benötigt, begegnet einem aber des Öfteren im Praktikum. Er gibt an, dass ein Molekül unverzweigt vorliegt. n-Butan ist also eine unverzweigte Kette aus 4 C-Atomen.

Wenn ein Stoff als **Iso**-Butan bezeichnet wird, bedeutet dies, dass die Verbindung ein Konstitutionsisomer des n-Butans ist. Diese Verbindung ist folglich verzweigt (➤ Abb. 11.6).

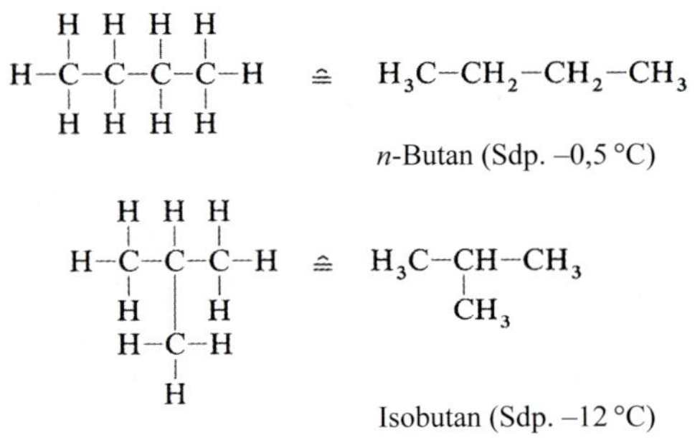

Abb. 11.6 n-Butan und Isobutan

FÜR DIE KLAUSUR

Das Zeichnen von Strukturformeln aus dem IUPAC-Namen und das Benennen von gegebenen Strukturen erfreut sich im Praktikum und in den Klausuren großer Beliebtheit. Falls die Übungsaufgaben in diesem Buch nicht ausreichen: Im Internet gibt es Freeware zum Download, mit der man Strukturformeln erstellen kann, die dann vom Programm automatisch benannt werden, sodass man überprüfen kann, ob man mit seinem Namen richtig gelegen hat.

! ACHTUNG

Anhand eines Modells eines Alkans kann man sehen, dass die Atome in der Realität nicht wirklich in einer Linie liegen, wie es die Strukturformel suggeriert. Das liegt daran, dass die C-Atome **sp^3-hybridisiert** sind, sodass die bindenden Elektronenpaare in die Ecken eines **Tetraeders** (Bindungswinkel = **109,5°**) weisen. Die Struktur der meisten Kohlenwasserstoffe ist deshalb eher zickzack-artig.

Außerdem: Konstitutionsisomere zeigen **unterschiedliche physikalische Eigenschaften.** Van-der-Waals-Kräfte nehmen mit zunehmender Moleküloberfläche zu. Diese ist **bei verzweigten Molekülen kleiner.** Man kann sich auch vorstellen, dass zwei Isobutan-Moleküle wegen der Verzweigungen schlechter „in Kontakt treten" können, um Anziehungskräfte aufeinander auszuüben. Dementsprechend hat Isobutan einen geringeren Schmelzpunkt als n-Butan.

11.2.3 Konformationsisomere

Betrachtet man das Ethan, erkennt man, dass sowohl Summen- wie auch Strukturformel eindeutig

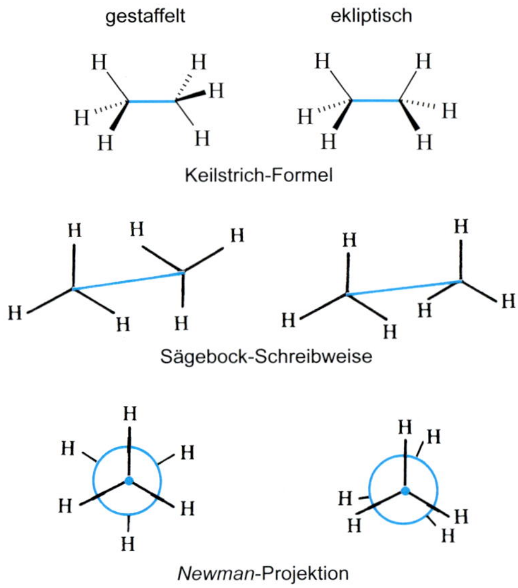

Abb. 11.7 Die verschiedenen Darstellungen und Konformationsisomere des Ethans

zu genau einem Molekül führen. Es existieren keine Konstitutionsisomere. Zwischen den beiden C-Atomen besteht eine **σ-Bindung.** Diese ist, wie bereits besprochen, **frei drehbar.** Betrachten wir nun das Molekül so, dass das eine Kohlenstoffatom das andere genau verdeckt (man bezeichnet diese Darstellungsweise auch als **Newman-Projektion**), erkennen wir, dass durch Drehen der Einfachbindung mehrere räumliche Anordnung möglich sind (➤ Abb. 11.7).

Moleküle mit gleicher Summenformel, gleicher Strukturformel, aber unterschiedlicher Anordnung, nennt man grundsätzlich **Stereoisomere.** Da wir von der einen Anordnung durch simples Drehen in die anderen Anordnungen kommen (also ganz ohne Bindungen auflösen und neu verknüpfen zu müssen), bezeichnen wir diese Strukturen im Speziellen als **Konformationsisomere** oder **Konformere.** Weniger verbreitet aber naheliegender ist der Begriff **Rotamere.**

Unterschiedliche Konformationen können auch mit der **Sägebock-Schreibweise** dargestellt werden.

Doch welche Konformation nimmt das Ethan eigentlich an? Die Natur strebt nach einem energiearmen Zustand. Dieser wird erreicht, wenn die H-Atome in größtmöglichem Abstand, also **gestaffelt,** vorliegen.

Die **verdeckte** oder **ekliptische** Konformation ist durch die Nähe der H-Atome zueinander energiereicher und tritt damit in der Natur nicht bevorzugt auf.

11.2.4 Standardreaktion: Radikalische Substitution

Es gibt Reaktionen, die typisch für bestimmte Stoffklassen in der organischen Chemie sind. Für die Alkane ist dies die **radikalische Substitution.** Allein aus dem Namen kann man bereits herauslesen, dass einer der Reaktionspartner ein ungepaartes Elektron besitzen muss, und dass zudem an einem Molekül ein Substituent durch einen anderen ersetzt wird. Als Beispiel sollen ein Alkan sowie ein Molekül des zweiatomigen Halogens **Chlor** dienen. Der Ablauf der Reaktion ist leicht nachzuvollziehen:

- **Kettenstart:** Gibt man ein Alkan und Chlor zusammen, passiert zunächst nichts. Durch Licht wird jedoch die Bindung zwischen den Chloratomen **homolytisch** gebrochen, sodass zwei Chlorradikale entstehen.
- **Kettenfortpflanzung:** Das Cl-Radikal greift eine C-H-Bindung an, da diese schwächer ist als die Bindung zwischen C-Atomen. Es löst dabei ein **Wasserstoffatom** (nicht verwechseln mit einem Proton) aus dem Methan und bildet mit ihm stabiles **HCl.** Allerdings hat nun das Alkan ein ungepaartes Elektron. Ein Radikal, das aus einem Alkan entstanden ist, bezeichnet man als **Alkylradikal.** Dieses reagiert nun wiederum mit einem Chlormolekül zum **Chloralkan,** wobei zusätzlich wieder ein Chlorradikal entsteht. Diese Kettenreaktion kann sich grundsätzlich beliebig fortpflanzen (➤ Abb. 11.8).

$$R{-}H + Cl_2 \xrightarrow{\text{UV-Licht}} R{-}H + 2\,Cl^\bullet \rightarrow R{-}Cl + H{-}Cl$$

$$R{-}H + Cl^\bullet \rightarrow R^\bullet + H{-}Cl$$

$$R^\bullet + Cl{-}Cl \rightarrow R{-}Cl + Cl^\bullet$$

Abb. 11.8 Kettenstart und Fortpflanzung einer radikalischen Substitution

- **Kettenabbruch:** Wie kann die Kettenreaktion gestoppt werden? Indem sich zwei Radikale treffen und zu einer Verbindung reagieren. Diesen Vorgang bezeichnet man als **Rekombination.** Auch wissenswert: Radikale richten durch ihre hohe Reaktivität im menschlichen Körper Schäden an. Es gibt allerdings Stoffe, die als **Radikalfänger** reagieren. Ein bekanntes Beispiel ist das **Iod,** das normalerweise als zweiatomiges Molekül vorliegt. Trifft es z. B. auf ein Chlorradikal, bildet es ein stabiles Molekül, wobei das andere Iodatom nun seinerseits zum Radikal wird. Das ist aber unproblematisch, da Iod**radikale nur rekombinieren können,** sodass der Kettenabbruch unausweichlich ist.

FÜR DIE KLAUSUR

Man sollte sich angewöhnen, präzise zwischen dem **Wasserstoffatom** (**mit** einem Elektron) und dem Wasserstoffkern oder **Proton** (**ohne** Elektron) zu unterscheiden, um sich in mündlichen Prüfungen nicht unbeliebt zu machen.

Exkurs: Skelettformeln

Strukturformeln in der organischen Chemie können recht umfangreich werden. Um sich das Zeichnen etwas zu erleichtern, greift man auf Skelettformeln zurück, die mit etwas Erfahrung auch relativ problemlos gelesen werden können. Im Unterschied zu den bisher bekannten Schreibweisen werden in den Skelettformeln die C-Atome **nicht** gezeichnet. Man zeichnet lediglich die **Bindungen zwischen den C-Atomen,** sodass man wissen muss, dass die C-Atome an deren Enden bzw. in den „Knicks" liegen. Die H-Atome werden ebenfalls nicht gezeichnet. Sie muss man in Gedanken ergänzen, indem man sich ansieht, wie viele seiner 4 Bindungen ein C-Atom ausgebildet hat. Die restlichen, nicht eingezeichneten, Bindungen sind diejenigen zu den H-Atomen. **Heteroatome** und somit auch **funktionelle Gruppen** werden ebenfalls in den Skelettformeln eingezeichnet!

Darüber hinaus tragen die Skelettformeln auch den räumlichen Anordnungen Rechnung, indem Bindungen zwischen sp^3-hybridisierten C-Atomen

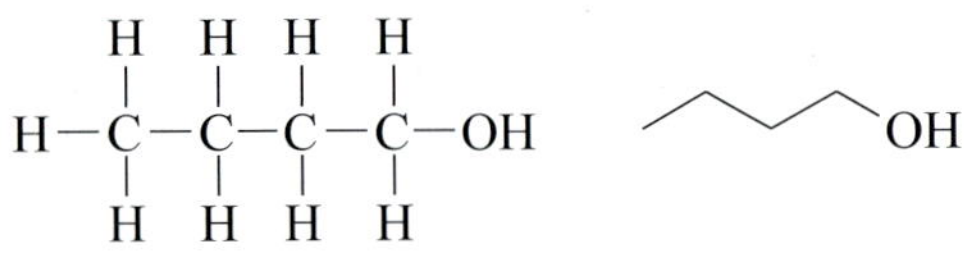

Abb. 11.9 Butanol als Valenzstrich- und Skelettformel

nicht linear, sondern als „Zickzack“ gezeichnet werden (➤ Abb. 11.9).

11.3 Cycloalkane

Wenn ein Alkan an jedem Ende seiner Kette ein H-Atom abspaltet und eine neue C-C-Bindung ausbildet, entsteht ein Ring. Dieser Ring wird als **Cycloalkan** bezeichnet und besteht nach wie vor nur aus **Einfachbindungen** (σ-Bindungen). Die allgemeine Summenformel lautet $\mathbf{C_nH_{2n}}$.

11.3.1 Nomenklatur

Man benennt Cycloalkane, indem man die Anzahl der C-Atome im Ring bestimmt und wählt den zugehörigen **Alkannamen** (also bei 5 C-Atomen „Pentan“). Nun hängt man nur noch die Vorsilbe **„Cyclo“** an und ist fertig (also „Cyclopentan“).

Verfügt der Cycloalkan noch über Seitenketten, nummeriert man diese so, dass die Reste möglichst kleine Zahlen erhalten.

Ist nur ein Rest vorhanden, muss man ihm keine Nummer zuweisen.

FÜR AHNUNGSLOSE

Was ist das kleinste Cycloalkan? **Cyclopropan!** Alkane mit weniger als drei C-Atomen kann man nicht zu einem Ring falten.

11.3.2 Stabilität

Prinzipiell streben sp^3-hybridisierte C-Atome nach einem Winkel von 109,5° zwischen den Elektronenpaaren. Da der Cyclopropanring einem gleichseitigen Dreieck ähnelt, bei dem jeder Winkel bekanntermaßen 60° beträgt, steht dieser unter großer Spannung, weil jedes Kohlenstoffatom einen größeren Winkel zwischen seinen bindenden Elektronenpaaren bevorzugen würde. Der Ring ist folglich **instabil** und damit **reaktionsfreudig.** Mit zunehmender Anzahl von C-Atomen im Ring nähern sich die Bindungswinkel zunehmend den 109,5° an, bis diese dann beim **Cyclohexan** erreicht sind, sodass dieses Cycloalkan vergleichsweise **stabil** ist.

Man sollte außerdem bedenken, dass Cyclopropan vollständig und Cyclobutan weitgehend **eben** ist. Beim Cyclopropan kann dies aufgrund seiner trigonalen Struktur nicht anders sein und beim Cyclobutan wird der Ring durch die starke Spannung quasi „plattgezogen“. Eine unebene Anordnung führt zu einer zusätzlichen Verringerung der mit 90° ohnehin schon sehr kleinen Bindungswinkel. Ab dem Cyclopentan ist die Ringspannung soweit gesunken, dass der Ring aufgrund der annähernd tetraedrischen Anordnung der Bindungselektronen **uneben** ist. Sobald man in der Chemievorlesung ein Modell einer organischen Verbindung gezeigt bekommt, kann man sich diese Tatsache leicht vorstellen.

Cycloalkane können auch Moleküle bilden, die aus zwei (**Bicyclen**) oder mehr (**Polycyclen**) Ringen bestehen. Dabei ist mindestens ein C-Atom Bestandteil beider Ringe (➤ Abb. 11.10).

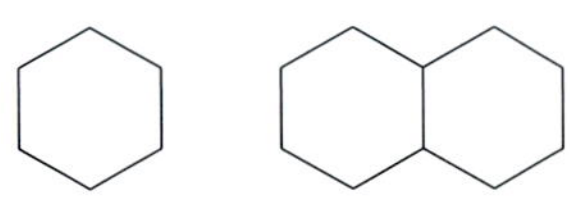

Abb. 11.10 Cyclohexan und Decalin als Beispiele für Mono- und Bicyclen

11.3.3 Konformationsisomere

Auch bei Cycloalkanen kann man die räumliche Anordnung (nicht die Struktur!) ändern, ohne dafür Bindungen lösen zu müssen, sodass auch Cycloalkane **Konformere** bilden. Am Beispiel des Cyclohexans kann man erkennen, dass sich die beiden extremsten Anordnungen durch „Umklappen“ des Rings ineinander überführen lassen:

- **Wannenform:** Die Wannenform ist die **instabilere** Variante, weil sich hier, da zwei C-Atome nach oben geklappt sind, die H-Atome so nah kommen, dass sie sich abstoßen. Es kommt deshalb auch bei Raumtemperatur vermehrt zum spontanen Umklappen in die Sesselform.

- **Sesselform:** In dieser Konformation steht ein C „über dem Ring“, das andere „darunter“. Durch die geringeren Abstoßungskräfte ist diese Form energetisch günstiger und deshalb **stabiler.**

Zwischen diesen beiden extremen Formen kann ein Cyclohexanmolekül natürlich auch sämtliche Übergangszustände annehmen (➢ Abb. 11.11).

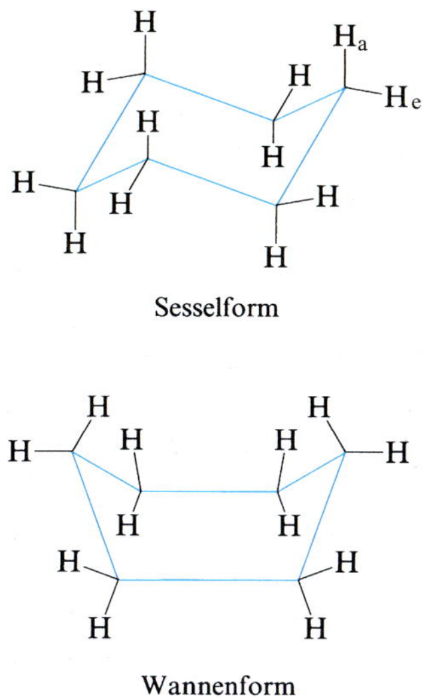

Abb. 11.11 Sessel- und Wannenform des Cyclohexans

FÜR AHNUNGSLOSE

Lassen sich Konformere in der „normalen" Strukturformel erkennen? Nein! Es macht auch meist keinen Sinn für z. B. Cyclohexan die Konformation anzugeben, da sich diese ja unter Normalbedingungen ständig ändert.

Um die Position der H-Atome in Relation zum Ring anzugeben, bezeichnet man sie, wenn sie **senkrecht** zum Ring stehen, als **axial.** Stehen sie **waagrecht,** nennt man sie **äquatorial.**

11.4 Alkene

Alkene sind wie die Alkane Kohlenwasserstoffe. Allerdings enthalten Alkene mindestens eine **C-C-Doppelbindung.** Man bezeichnet sie auch als **ungesättigt,** da sie theoretisch noch mehr H-Atome besitzen können, also noch nicht „gesättigt“ sind. Die Atome, die an der Doppelbindung beteiligt sind, sind **sp^2-hybridisiert.** Die Bindungswinkel zwischen ihren Elektronenpaaren betragen **120°.** Die allgemeine Summenformel der Alkene lautet $\mathbf{C_nH_{2n}}$.

MERKE

Die allgemeine Summenformel der Alkene ist identisch zu der der Cycloalkane. Da man aus der Summenformel des Cyclobutans (C_4H_8) auch das Buten (ebenfalls C_4H_8) basteln könnte, sind die Alkene und die Cycloalkane **Konstitutionsisomere.**

11.4.1 Nomenklatur

Bei den Alkenen begegnen uns einige Besonderheiten, was die Nomenklatur angeht. Es dreht sich alles um die Doppelbindung:

1. Es reicht nicht aus, einfach die längste Kette zu suchen. Diese Kette muss auch die **Doppelbindung** enthalten. Die Namen der Alkene enden auf **„en“.**
2. Man nummeriert nun nicht mehr so, dass die Positionen der Seitenketten die kleinsten Zahlen erhalten, sondern nummeriert das Molekül so durch, dass die **Doppelbindung eine möglichst kleine Nummer erhält.**
3. Die Position der Doppelbindung wird durch eine Zahl vor dem „en“ deutlich gemacht, allerdings kann man sie, wenn die Doppelbindung am Anfang der Kette steht, auch weglassen. Sind mehrere Doppelbindungen vorhanden, wird zwischen den Zahlen und dem „en“ die Vorsilbe „di“ bzw. „tri“ eingebaut. Ein Molekül mit drei Doppelbindungen an Position 2, 4 und 7 endet folglich auf „...2,4,7-trien“.
4. Die Seitenketten werden wie gehabt benannt.

Das Molekül in ➢ Abbildung 11.12 heißt demnach 3,5-Dimethylhex-2-en.

11.4.2 Konfigurationsisomere

Bei Alkenen gibt es eine „neue“ Form der Isomerie. Als Beispiel soll das But-2-en dienen, von dem es

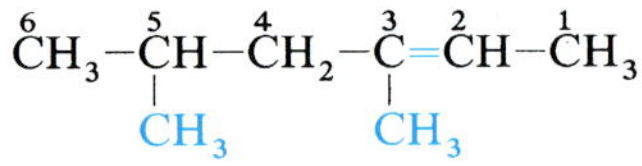

3,5-Dimethyl-2-hexen

Abb. 11.12 3,5-Dimethylhex-2-en

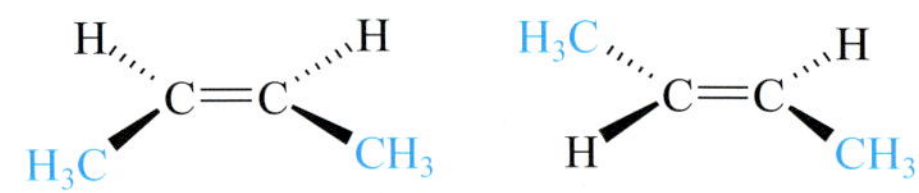

(*Z*)-2-Buten
(*cis*-2-Buten)
Sdp. 3,7 °C

(*E*)-2-Buten
(*trans*-2-Buten)
Sdp. 0,9 °C

Abb. 11.13 *Z*/*E*-But-2-en

zwei derartige Isomere gibt. Beide Moleküle besitzen dieselbe Summenformel und die gleiche Strukturformel, denn in dem einen Molekül ist jedes Atom mit den gleichen Atomen verknüpft wie in dem anderen. Es gibt allerdings 2 mögliche räumliche Anordnungen (also wieder **Stereoisomere**), je nachdem, ob die C-Atome auf „derselben" Seite oder auf „gegenüberliegenden" Seiten liegen. Da die **Doppelbindung** aus einer σ- und einer π-Bindung besteht, lassen sich die Anordnungen aber nicht durch Drehen in die jeweils andere überführen. Es handelt sich folglich **nicht um Konformere.** Man muss **Bindungen lösen** und dann die Atome neu verknüpfen, um die Anordnung zu ändern. Diese Art der Isomerie bezeichnet man als **Konfigurationsisomerie.**

Wie kann man nun diese beiden Isomere am Namen unterscheiden? Man sucht die beiden Substituenten mit der **höchsten Ordnungszahl.** Stehen diese auf derselben Seite des Moleküls (aber natürlich nicht am selben Ende der Doppelbindung), bezeichnet man das Molekül als ***Z*-But-2-en.** Stehen sie auf gegenüberliegenden Seiten, heißt es ***E*-But-2-en.**

Früher verwendete man anstelle von *E*- **„trans-"** und anstelle von *Z*- **„cis-"** (➤ Abb. 11.13).

LERNTIPP

Z **= zusammen**
E **= entgegen**

Auch wissenswert: Die Begriffe cis und trans finden auch in der Komplexchemie Verwendung. Doch zunächst eine kurze Übung: Wie heißt der Komplex in ➤ Abbildung 11.14?

Er wird als Diammindichloridoplatin bezeichnet. Man nennt ihn auch kurz **Cisplatin,** da die Substituenten mit der höchsten Ordnungszahl aneinandergrenzen und sich nicht gegenüberliegen.

11.4.3 Doppelbindungen

In größeren Molekülen kann man Doppelbindungen noch weiter charakterisieren:

- **Konjugierte Doppelbindungen:** Sind Doppelbindungen durch eine Einfachbindung voneinander getrennt, spricht man von konjugierten Doppelbindungen. Es kommt zu einem **mesomeren Effekt,** der dazu führt, dass Verbindungen mit konjugierten Doppelbindungen energetisch günstiger und damit **stabiler** sind als solche ohne.
- **Isolierte Doppelbindungen:** Sind Doppelbindungen durch zwei oder mehr Einfachbindungen voneinander getrennt, spricht man von isolierten Doppelbindungen.
- **Kumulierte Doppelbindungen:** Wenn zwei Doppelbindungen unmittelbar benachbart sind, also ein C-Atom zwei Doppelbindungen ausbildet, spricht man von kumulierten Doppelbindungen.

11.4.4 Standardreaktion: Elektrophile Addition

Durch die Doppelbindung weisen Alkene lokal eine hohe Dichte negativer Ladung auf, sodass es zu **elektrophilen Additionen** kommen kann. Klassisches Beispiel ist die **Addition von Brom** (➤ Abb. 11.15). Dabei addiert sich je ein Bromatom aus dem zweiatomigen Brommolekül an ein C-Atom der Doppelbindung, wobei diese zu einer Einfachbindung wird, da sonst nicht genug Elektronen für die Bindung der Bromatome vorhanden wären.

Man macht sich die Bromaddition zunutze, um Doppelbindungen in organischen Verbindungen nachzuweisen: Brom hat eine braune Färbung, die

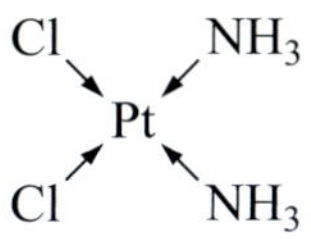

Abb. 11.14 Diammindichloridoplatin

entstehende Verbindung dagegen nicht. Das Entfärben deutet folglich auf das Vorhandensein von Alkenen hin.

Bei manchen Alkenen, wie etwa dem Propen, wird die Doppelbindung von unterschiedlich substituierten C-Atomen gebildet. Wenn man nun etwa einen Halogenwasserstoff an diese Doppelbindung addiert (➤ Abb. 11.15), muss man wissen, welcher Bestandteil an welches C-Atom bindet. Die Regel ist simpel:

Das **H^+-Ion** bindet ans **niedrig substituierte C-Atom,** während das **Nukleophil** (Cl^-, F^- etc.) zum **höher substituierten C-Atom** wandert.

FÜR AHNUNGSLOSE

Die **Substituenten** sind die Atome, mit denen ein Atom verbunden ist. Ein Atom, mit dem z. B. mehrere Kohlenstoffatome (OZ = 6) verbunden sind, bezeichnet man als **höher substituiert,** als ein C-Atom, das mit H-Atomen (OZ = 1) verbunden ist.

LERNTIPP

Das **H^+-Ion** wandert zu dem C mit den meisten anderen **H-Atomen.**

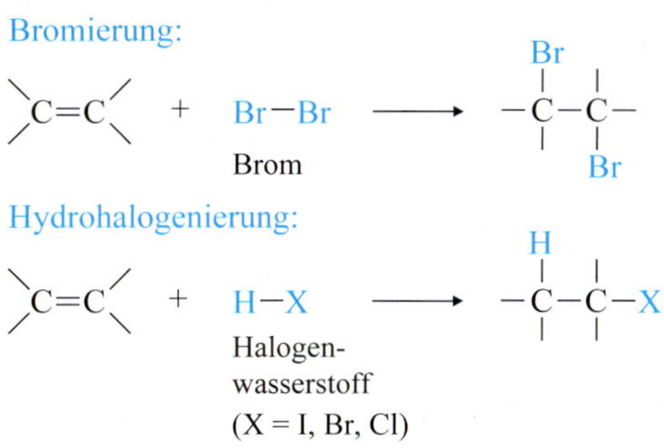

Abb. 11.15 Bromaddition und Hydrohalogenierung

11.5 Alkine

Alkine sind ebenfalls **ungesättigte Kohlenwasserstoffe,** wobei sie mindestens eine **Dreifachbindung** enthalten. Die allgemeine Summenformel für ein Alkin mit einer Dreifachbindung lautet $\mathbf{C_nH_{2n-2}}$. Die Nomenklatur gestaltet sich analog zu den Alkenen, wobei nicht die Endung „en", sondern die Endung **„in"** verwendet wird. Allerdings kann es **weder Konfigurations- noch Koformationsisomerie** geben, da die **sp-hybridisierten** C-Atome, die an der Dreifachbindung beteiligt sind, zu einer linearen Anordnung in diesem Teil des Moleküls führen. Die Bildung von Cycloalkinen ist dennoch möglich, aber dazu braucht es in der Regel einen sehr großen Ring (mindestens 8 C-Atome). Das einfachste Alkin, das Ethin (➤ Abb. 11.16), hat noch einen anderen Namen, der nach wie vor gebräuchlich ist: Acetylen.

H−C≡C−H

Ethin

Abb. 11.16 Ethin

11.6 Aromaten

Organische Verbindungen lassen sich in **aromatische** und **aliphatische** Verbindungen einteilen. Aromatisch bedeutet eigentlich „wohlriechend" und aliphatisch wurde für „fettähnliche" Stoffe gebraucht. Diese Bedeutungen haben sich gewandelt. Man bezeichnet heute alle Verbindungen als aromatisch, die die unten genannten Kriterien erfüllen. Alle übrigen Kohlenwasserstoffe sind demnach aliphatisch.

11.6.1 Kriterien und Struktur

Aromaten sind **ringförmige** Kohlenwasserstoffe, die eine möglichst große Zahl **konjugierter Doppelbindungen** ausbilden. Aus der Abbildung kann man entnehmen, dass deshalb **jedes C-Atom sp^2-hybridisiert** ist. Das letzte Kriterium, damit ein Stoff als Aromat, gilt ist die **Hückel-Regel.** Sie besagt, dass ein Aromat $4n + 2$ π-Elektronen besitzt.

Zur Erinnerung: In einer Doppelbindung findet man ein π-Elektronenpaar, also zwei π-Elektronen. Aber auch freie Elektronenpaare im Ring werden zu dem π-System gerechnet.

Außerdem gilt bei **polycyclischen Molekülen** (➤ Abb. 11.17): Ist ein Ring des Moleküls aromatisch, ist auch das ganze Molekül ein Aromat.

FÜR AHNUNGSLOSE

Durch die Hückel-Regel kann man berechnen, wie viele π-Elektronen ein Aromat haben darf, indem man für „*n*" ganze Zahlen einsetzt:

$$n = 0;\ 4 \times 0 + 2 = 2$$
$$n = 1;\ 4 \times 1 + 2 = 6$$
$$n = 2;\ 4 \times 2 + 2 = 10$$

Auf diese Weise kann man z. B. erkennen, dass eine Verbindung mit 8 π-Elektronen kein Aromat sein kann, da sich diese Zahl nicht durch die Hückel-Regel darstellen lässt.

Wie bereits erwähnt, führen konjugierte Doppelbindungen zu einem **mesomeren Effekt,** so auch bei den Aromaten. Die π-Elektronen eines Aromaten haben folglich keinen festen Platz mehr, man bezeichnet sie als **delokalisiert.** Die zwei extremsten Positionen, die möglich sind, werden durch die beiden Grenzformeln dargestellt. Alternativ kann man die delokalisierten Elektronen auch durch einen **Kreis** innerhalb des Aromaten andeuten. Die Mesomerie erzeugt die **Stabilität** der Aromaten, verglichen etwa mit den Cycloalkanen, und sorgt dafür, dass das Ringsystem **planar** (eben) gebaut ist (➤ Abb. 11.18).

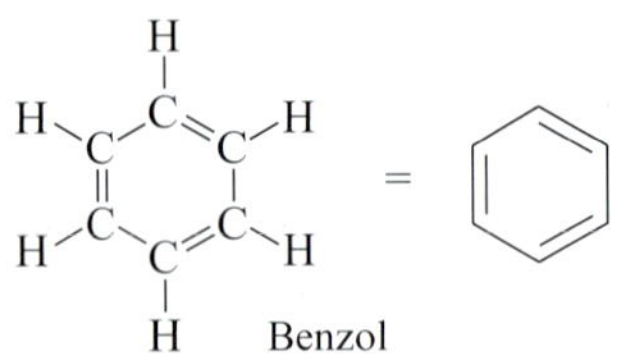

Abb. 11.17 Mesomerie des Benzols und polycyclische Aromaten

11.6.2 Nomenklatur

Der mit Abstand wichtigste Aromat, von dem sich viele andere ableiten, besteht aus 6 C-Atomen und heißt **Benzol** (➤ Abb. 11.17). Man sieht: Die Nomenklatur folgt nicht der typischen Systematik. Ist ein Molekül mit einem Benzol substituiert, nennt man den Rest **Phenyl,** wenn er unmittelbar an das Molekül bindet. Wird die Bindung über eine CH_2-Gruppe vermittelt, bezeichnet man den Substituenten als **Benzyl.**

Ein weiterer Aromat, den man kennen sollte, besteht aus zwei 6-Ringen. Da auch hier die Nomenklatur keiner Systematik folgt, heißt er nicht etwa „Dibenzol", sondern trägt den Namen **Naphthalin.**

11.6.3 Substituierte Aromaten

Sind Aromaten substituiert, ändert sich auch die komplette Bezeichnung der Verbindung:

Besitzt ein Aromat zwei Substituenten, sind theoretisch **drei Konstitutionsisomere** möglich.

Liegen die Substituenten unmittelbar nebeneinander (sie würden in der IUPAC-Nomenklatur die Ziffern 1 und 2 erhalten), bezeichnet man die Verbindung auch als ***ortho (o)*-Form.** Liegt ein C-Atom zwischen den substituierten Cs (also 1,3), erhält die

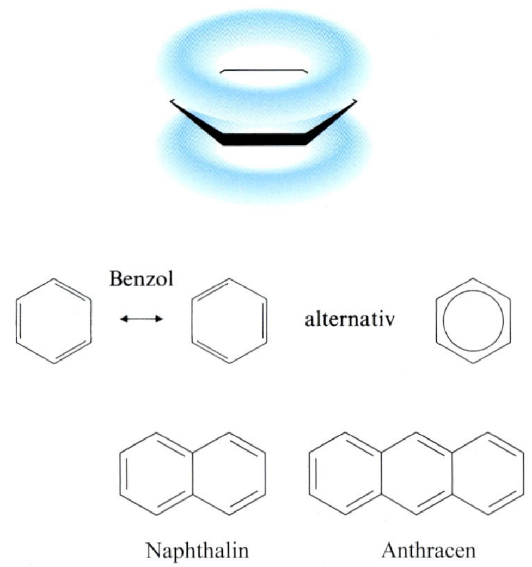

Abb. 11.18 Struktur des Benzol

Verbindung den Vorsatz ***meta (m)***. Liegen sich die substituierten Cs quasi gegenüber, mit zwei C-Atomen Abstand (1,4), spricht man von der ***para (p)***-Konstitution.

Bei mehr als zwei Substituenten muss man als Medizinstudent normalerweise nur IUPAC-Nomenklatur mit Ziffern anwenden können (➤ Abb. 11.19).

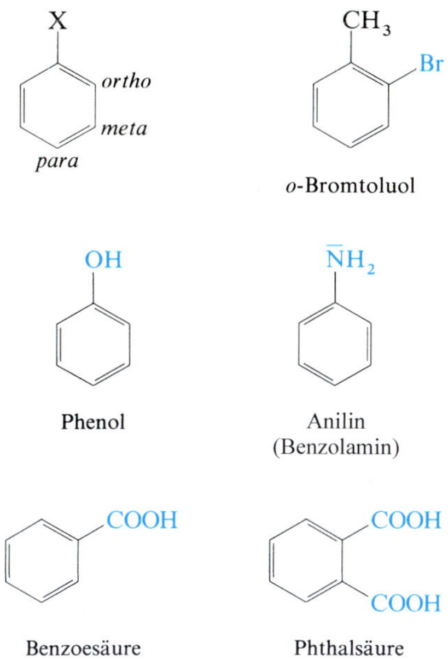

Abb. 11.19 Wichtige substituierte Aromaten

11.6.4 Standardreaktion: Elektrophile Substitution

Durch den „Elektronenreichtum“ des Aromaten ist dieser anfällig für **Reaktionen mit elektrophilen Teilchen.** Es findet allerdings keine Additionsreaktion statt, da das Ausbilden einer zusätzlichen Bindung den aromatischen Charakter der Verbindung zerstören würde. Damit der stabile aromatische Charakter gewahrt bleibt, wird zunächst ein Proton aus dem Aromaten abgespalten. An die Bindung, die auf diese Weise „unbesetzt“ bleibt, bindet nun das Elektrophil. Eventuell geht das H^+-Ion eine Bindung mit dem Molekül ein, aus dem das Elektrophil stammt.

11.7 Heterozyklen

Heterozyklen sind cyclische Kohlenwasserstoffe, die zusätzlich noch ein Heteroatom in ihrem Ring haben. Es gibt dabei, wie bei den reinen Kohlenwasserstoffen auch, aliphatische Heterozyklen und aromatische Heterozyklen. Die aromatischen Heterozyklen weisen dieselben Charakteristika wie die „normalen“ Aromaten auf (planar gebaut, delokalisierte π-Elektronen, Hückel-Regel). Da man wichtige Heterozyklen auf jeden Fall erkennen sollte, findet ihr einige davon in ➤ Abbildung 11.20. Generell erhöht das Zeichnen einer Verbindung die Chance, sie später wiederzuerkennen!

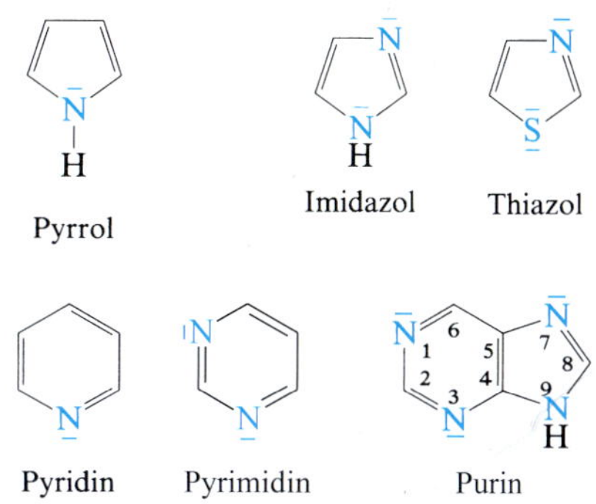

Abb. 11.20 Wichtige Heterozyklen

11.8 Übungen

Ist die Aussage richtig oder falsch?

1. Aromaten können niemals 6 π-Elektronen haben.
2. Van-der-Waals-Kräfte sind bei verzweigten Molekülen stärker als bei unverzweigten Molekülen.
3. Im Ethin sind beide C-Atome sp-hybridisiert.
4. Durch konjugierte Doppelbindungen kann es zu energetisch günstigen mesomeren Effekten kommen.
5. Sessel- und Wannenform des Cyclohexans kommen in der Natur etwa gleich häufig vor.

KAPITEL

12 Funktionelle Gruppen

Zur Erinnerung: Funktionelle Gruppen enthalten **Heteroatome,** die zur **Polarisierung** einer Bindung führen und dadurch die Reaktivität der Verbindung erhöhen (➤ Kap. 11.2.1). Funktionelle Gruppen beeinflussen den Charakter einer Verbindung so stark, dass man Moleküle mit denselben funktionellen Gruppen zu Stoffklassen zusammenfasst. Allerdings können auch mehrere funktionelle Gruppen in einem Molekül vorkommen.

12.1 Sauerstoffhaltige funktionelle Gruppen

Sauerstoff ist als Heteroatom Bestandteil vieler funktioneller Gruppen, die im Folgenden vorgestellt werden. Er besitzt **6 Valenzelektronen,** will folglich **2 kovalente Bindungen ausbilden** und besitzt **2 freie Elektronenpaare.**

12.1.1 Alkohole

Besitzt ein Kohlenwasserstoff an einem C-Atom ein Sauerstoffatom, an das wiederum ein H-Atom gebunden ist, bezeichnet man dies als **Hydroxy-** oder einfach als **OH-Gruppe.** Den Kohlenwasserstoff, der die Hydroxygruppe trägt, nennt man **Alkohol.**

Die Nomenklatur der Alkohole ist einfach: Man hängt an den Namen des Alkans einfach die Nachsilbe **„ol"** an. Wenn die Hydroxygruppe nicht endständig ist, muss man die Position selbstverständlich noch durch eine Zahl anzeigen.

Natürlich gibt es auch bei den Alkoholen eine homologe Reihe, deren zwei einfachste Vertreter man bereits aus dem Alltag kennt: Methanol ist ein giftiges Nebenprodukt, das bei der alkoholischen Gärung entstehen kann und Ethanol ist als Trinkalkohol geläufig.

Man unterscheidet zudem **primäre, sekundäre und tertiäre Alkohole,** je nachdem, ob das C-Atom, das die Hydroxygruppe trägt, mit **einem, zwei oder drei weiteren C-Atomen** verbunden ist (➤ Abb. 12.1).

Die **Anzahl der Hydroxygruppen,** die ein Alkohol trägt (schließlich können es mehr als nur eine sein), wird durch die Begriffe **einwertig, zweiwertig etc.** beschrieben.

Da das O-Atom eine wesentlich höhere Elektronegativität als das H-Atom aufweist, kommt es zu einer positiven Polarisierung des Wasserstoffatoms, welches nun Anziehungskräfte auf freie Elektronenpaare benachbarter Moleküle ausübt. Mit anderen Worten: Hydroxygruppen, also auch Alkohole, bilden **Wasserstoffbrückenbindungen** aus. Dadurch haben Alkohole wesentlich **höhere Schmelz- und Siedepunkte,** als etwa Alkane vergleichbarer Länge.

Die Polarität, die durch die Elektronegativität des Sauerstoffs in der Verbindung entsteht, sorgt dafür, dass vor allem **kurze Alkohole gut wasserlöslich** sind. Bei langkettigen Alkoholen liegen dagegen so viele unpolare Bindungen vor, dass auch die Verbindung als Ganzes eher unpolar ist, sodass diese sich schlecht in Wasser löst.

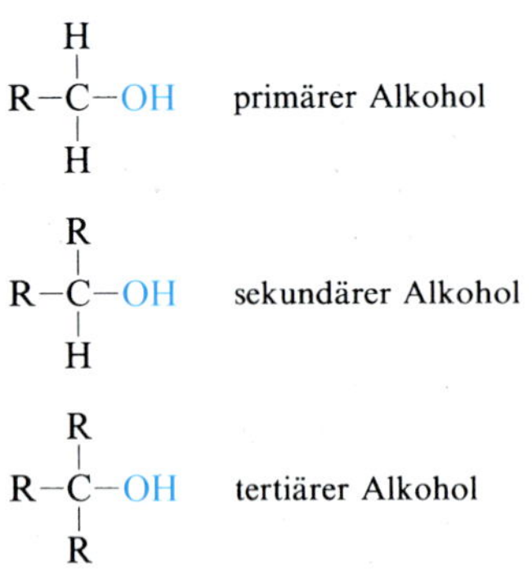

Abb. 12.1 Primärer, sekundärer und tertiärer Alkohol

MERKE

Gleiches löst sich in Gleichem! Eine polare Substanz löst sich in einer anderen polaren (wie etwa Wasser). Eine unpolare Substanz löst sich in einer unpolaren (wie etwa einem Fett).

Alkohole können grundsätzlich als Säure und als Base reagieren. Sie sind also, wie Wasser auch, **amphotere Verbindungen.**

Ausnahme: Trägt ein Aromat eine Hydroxygruppe, so bezeichnet man diesen „aromatischen Alkohol“ als **Phenol.** Spaltet nun das Phenol ein Proton ab, wird es zum negativ geladenen Anion. Das Phenolat-Ion kann als Aromat die negative Ladung durch **Mesomerie** besser stabilisieren. Folglich ist das **Phenol eine stärkere Säure** als die „normalen“, aliphatischen Alkohole.

Exkurs: Reaktionen an funktionellen Gruppen

Da funktionelle Gruppen so oft an Reaktionen beteiligt sind, kann es manchmal schwierig sein, sich zu merken, welche Produkte bei bestimmten Reaktionen entstehen. Falls man mal nicht das notwendige Faktenwissen parat hat, hier eine kleine Hilfe, um seine Chancen zu verbessern, doch noch zum richtigen Ergebnis zu gelangen – hier am Beispiel zweier Alkoholmoleküle gezeigt (➤ Abb. 12.2):

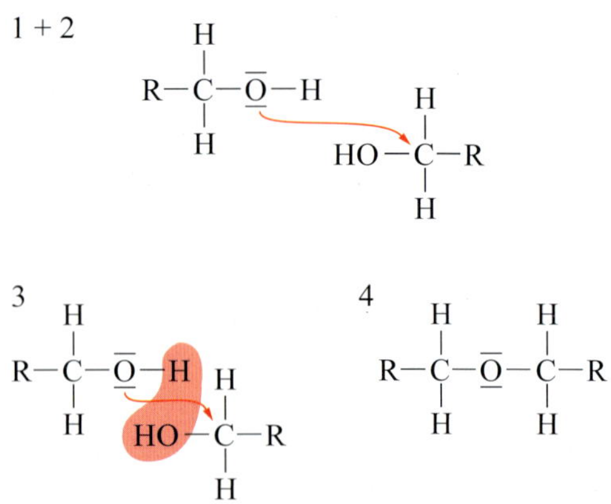

Abb. 12.2 Allgemeines Reaktionsschema der funktionellen Gruppen

1. Zunächst muss man sich ein Molekül aussuchen, das am anderen angreift.
2. Ungleichnamige Ladungen ziehen sich an. Folglich greift ein freies Elektronenpaar der angreifenden Verbindung an einem positiv polarisierten C-Atom nukleophil an.
3. Sollte das angreifende Atom mit einem H-Atom verknüpft sein, gibt es dieses als H^+-Ion ab, behält also das Elektronenpaar.
4. Binden nun an einem C-Atom mindestens zwei Heteroatome über Einfachbindungen, so ist dies ein Zustand, der in der Regel nicht beibehalten werden kann. Folglich müssen Moleküle aus diesen Zwischenstufen abgespalten werden. Häufig sind das einfache Verbindungen wie etwa **Wasser.** Sind nicht genug Atome vorhanden, um eine „kleine Verbindung" abzuspalten, kommt es zu keiner Abspaltung.

! ACHTUNG

Benutzt diese Regel in der Klausur nur, wenn euch euer Faktenwissen im Stich lässt!

MERKE

Reaktionen, die unter Wasserabspaltung ablaufen, heißen **Dehydratisierungen** oder **Kondensationen.** Damit die Rückreaktion stattfinden kann, muss man logischerweise Wasser zuführen. Man spricht dann von einer **Hydrolyse.**

12.1.2 Ether

Wir stellen uns vor: Zwei Alkohole reagieren unter Wasserabspaltung zu einer Verbindung, in der **zwei Kohlenstoffatome über ein Sauerstoffatom miteinander verknüpft** sind. Eine Substanz, die eine solche funktionelle Gruppe trägt, nennt man **Ether.** Man kann dazu folgende Reaktionsgleichung aufstellen:

Alkohol + Alkohol → Ether + Wasser

FÜR DIE KLAUSUR

Eine solche „Wortgleichung" sollte man sich gut einprägen! Wenn man sie mal vergisst, kann man immer noch auf die oben beschriebene Methode zurückgreifen.
Man sollte sich auch merken, ob dabei Moleküle abgespalten werden und wenn ja, welche.

$$H_3C-CH_2-\overline{O}-CH_2-CH_3$$

Ethoxyethan
(Diethylether = „Äther")

Abb. 12.3 Ethoxyethan

Die IUPAC-Nomenklatur hat sich bei den Ethern noch nicht wirklich durchgesetzt. Man bezeichnet Ether auch als **Alkoxyalkane.** Der längere Rest am O-Atom erhält einfach den Namen des zugehörigen Alkans. Der kürzere Rest wird, abhängig von der Anzahl der C-Atome, als Methoxy (1 C), Ethoxy (2 Cs) etc. bezeichnet. Sind die Reste identisch, lässt sich diese Nomenklatur natürlich auch anwenden (➤ Abb. 12.3).

Wenn man bei dieser Verbindung die Atome zählt, erhält man die Summenformel $C_4H_{10}O$.

Das ist dieselbe wie beim Butanol (Exkurs: Skelettformeln). Man sieht: **Alkohole und Ether sind Konstitutionsisomere.**

Ether können jedoch keine Wasserstoffbrücken ausbilden. Folglich liegen ihre Schmelz und Siedepunkte tiefer als die der Alkohole. Auch ihre Wasserlöslichkeit ist schlechter.

Ether können außerdem am negativ polarisierten O-Atom Protonen anlagern und reagieren folglich als schwache Basen. Die Bildung und Spaltung von Ethern läuft vor allem in Anwesenheit von Säuren ab – beide Reaktionen sind **säurekatalysiert.**

12.1.3 Aldehyde und Ketone

In der organischen Chemie wird die **Abgabe von Wasserstoff-Atomen** bzw. das **Knüpfen einer Bindung zu einem Sauerstoff-Atom** als **Oxidation** bezeichnet. Den umgekehrten Fall nennt man Reduktion.

FÜR AHNUNGSLOSE

Warum wird die Abgabe von H-Atomen (Achtung: **Nicht Protonen!**) als Oxidation bezeichnet? Mit den H-Atomen gehen natürlich auch deren Elektronen verloren. Wie wir wissen, werden diese bei der Bestimmung der Oxidationszahl den C-Atomen zugesprochen, an die die H-Atome gebunden sind (höhere Elektronegativität des C gegenüber dem H). Bei Abspaltung eines Wasserstoffatoms wird daher die Oxidationszahl am C-Atom größer, es ist oxidiert worden.

Die Abgabe von Wasserstoff bezeichnet man übrigens als **Dehydrierung** (nicht Dehydratisierung!).
Die Bindung an ein sehr elektronegatives O-Atom führt dazu, dass sich die Oxidationszahl des bindenden C-Atoms erhöht (da dessen Elektron nun dem O zugesprochen wird), sodass man dies ebenfalls als Oxidation bezeichnen kann.

Ein Alkohol kann durch Abspaltung von 2 H-Atomen vom O-Atom und dem benachbarten C-Atom oxidiert werden. Dabei entsteht eine Doppelbindung zum O-Atom. Die entstandene funktionelle Gruppe **(C ist mit O durch Doppelbindung verknüpft)** bezeichnet man als **Carbonylgruppe.** Verbindungen, die eine Carbonylgruppe tragen, bezeichnet man als:

- **Aldehyde,** wenn die Carbonylgruppe **am Kettenende** steht, also ein **primärer Alkohol** oxidiert wurde.
- **Ketone,** wenn die Carbonylgruppe **nicht am Kettenende** steht, also ein **sekundärer Alkohol** oxidiert wurde (➤ Abb. 12.4).

FÜR AHNUNGSLOSE

Was ist mit tertiären Alkoholen? Diese Hydroxygruppen können nicht zu Carbonylgruppen oxidiert werden, da nur ein H-Atom abgespalten werden kann.

Bei Aldehyden erhält die Verbindung die Endung **„al“.** Für die Verbindungen **Methanal** und **Ethanal** solltet ihr aber auch die gebräuchlichen Trivialnamen kennen (Formaldehyd und Acetaldehyd).

Ketone erhalten die Endung **„on“.** Dabei müsst ihr beachten, dass ihr bei Ketonen immer die Position der Carbonylgruppe durch eine Ziffer angeben müsst, da diese schließlich nie am Kettenende stehen kann.

Kurze Aldehyde sind **gut wasserlöslich,** da die C-O-Doppelbindung stark polarisiert ist. Die Löslichkeit nimmt verständlicherweise mit zunehmender Kettenlänge ab. Aufgrund fehlender Wasserstoffbrückenbindungen liegen die **Schmelz- und Siedepunkte tiefer als die vergleichbarer Alkohole.**

Eine besondere Eigenschaft der Ketone ist die **Keto-Enol-Tautomerie.** Dafür müsst ihr vorher eine kleine, aber wichtige, Benennungsregel kennen: Ein C-Atom, welches unmittelbar neben demjenigen C-Atom steht, das an der funktionellen Gruppe beteiligt ist, nennt man **α-C-Atom.** Das folgende C-Atom heißt **β-C-Atom** usw. Doch nun zur Keto-Enol-Tautomerie:

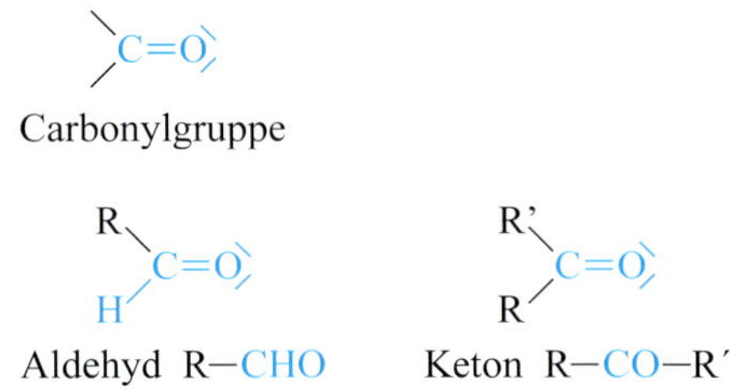

Abb. 12.4 Carbonylgruppe, Aldehyd und Keton

Da das Sauerstoffatom der Carbonylgruppe durch seine starke Elektronegativität über die Doppelbindung die Elektronen der Verbindung zu sich zieht, wird die an sich unpolare Bindung zwischen dem α-C- und dem H-Atom so stark polarisiert, dass Letzteres als **H^+-Ion abgespalten** werden kann. Das C-Atom wird dadurch negativ geladen – das entstandene Teilchen nennt man **Carbanion** – und anschließend verschieben sich die Elektronen so, dass das O-Atom der Carbonylgruppe die negative Ladung erhält. Zwischen α-C-Atom und dem C, das die funktionelle Gruppe trägt, bildet sich dabei eine Doppelbindung aus. Diese Struktur wird als **Enolat-Ion** bezeichnet.

Dass dieses O-Atom gerne H^+-Ionen anlagert, sodass eine Hydroxygruppe entsteht, sollte klar sein!

Man bezeichnet diese Struktur als die **Enolform.**

FÜR AHNUNGSLOSE

„En“ wegen der C-C-Doppelbindung und **„ol“** wegen der Hydroxygruppe.

Die Keto- und die Enolform können sich ineinander umwandeln. Da dies langsamer als bei der Mesomerie geschieht, lassen sie sich auch tatsächlich beobachten, wobei meist die **Ketoform dominiert,** wenn nicht die Enolform durch andere Umstände (Mesomerie) stabilisiert wird. Ihr solltet euch in jedem Fall merken, dass durch diese sogenannte Keto-Enol-Tautomerie (➤ Abb. 12.5) bestimmte Verbindungen als Säure reagieren können, von denen man es zunächst nicht erwarten würde.

Da das Kohlenstoffatom der Carbonylgruppe stark positiv polarisiert ist, kann es als Angriffspunkt für **nukleophile Reaktionen,** insbesondere **Additionen** dienen. Damit am Kohlenstoff die Oktettre-

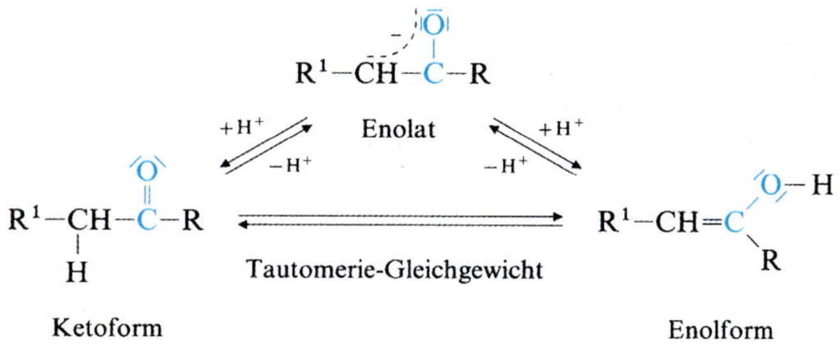

Abb. 12.5 Keto-Enol-Tautomerie

gel nicht verletzt wird, „schnappt" sich der Sauerstoff ein Elektronenpaar aus der Doppelbindung.

Da der Sauerstoff durch seine hohe Elektronegativität negativ polarisiert ist, können an ihm grundsätzlich auch **elektrophile Reaktionen** stattfinden.

Aldehyde und Ketone können dank ihrer Carbonylgruppe an vielen Reaktionen beteiligt sein. Im Folgenden werden wir uns einige **wichtige Reaktionen** dieser beiden Stoffklassen ansehen:

- **Halbacetalbildung:** Greift ein Alkohol an einem Aldehyd an, entsteht ein sogenanntes **Halbacetal.** Die Reaktion ist ein Beispiel für eine **nukleophile Addition** (aus zwei mach eins!) (➤ Abb. 12.6). Außerdem lässt sich hier die Notfallmethode gut anwenden, wobei es zu keiner Abspaltung eines kleinen Moleküls kommt. Greift ein Alkohol an einem Keton an, nannte man das Produkt **früher Halbketal.** Mittlerweile benutzt man aber auch hierfür den Namen Halbacetal. Wir können uns folglich merken: **Alkohol + Aldehyd/Keton → Halbacetal**

FÜR DIE KLAUSUR

Funktionelle Gruppen müsst ihr erkennen können! Das C-Atom des Halbacetals ist verknüpft mit einem **H-Atom,** einer **Hydroxygruppe,** einem **organischen Rest** (also einem C-Atom und allem was daran hängt) und einem **O-Atom,** an dem ein weiterer organischer Rest hängt.

- **Acetalbildung:** Da das C-Atom in einem Halbacetal positiv polarisiert ist, kann es erneut zu einer **nukleophilen Reaktion** kommen, diesmal allerdings zu einer **Substitution** (➤ Abb. 12.7). Die Notmethode funktioniert dabei ebenfalls und man erkennt, dass Wasser abgespalten wird. Auch hier sollte man sich einprägen, mit welchen Atomen das zentrale C-Atom des Acetals verknüpft ist. **Halbacetal + Alkohol → Acetal + Wasser**

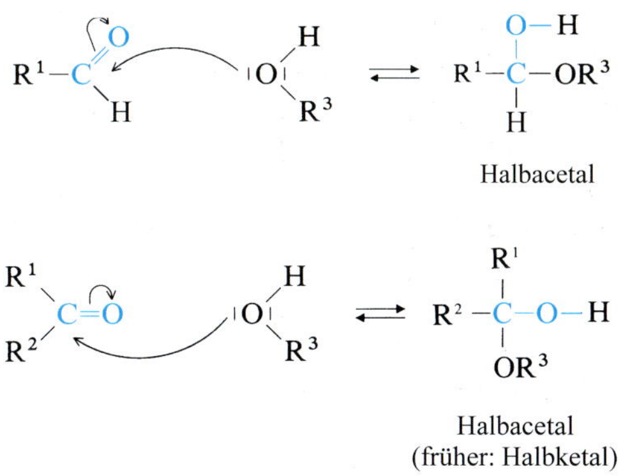

Abb. 12.6 Halbacetalbildung

- **Aldol-Addition und Kondensation:** Aldolreaktionen können zwischen zwei Molekülen stattfinden, die Carbonylgruppen tragen. In diesem Beispiel will das α-C-Atom durch den −I-Effekt des Sauerstoffs ein Proton abspalten. Dies kann aber erst geschehen, wenn ein geeigneter Protonenakzeptor, sprich eine Base, vorhanden ist. Die Reaktion läuft **basenkatalysiert** ab. Die verbleibende negative Ladung am C-Atom (Carbanion) führt dazu, dass das Molekül nun von einer positiven Ladung angezogen wird, wie etwa dem positiv polarisierten C-Atom einer Carbonylgruppe eines benachbarten Moleküls. Es kommt zu einem **nukleophilen Angriff,** bei dem die Doppelbindung der Carbonylgruppe gelöst wird und unter Aufnahme eines Protons eine Hydroxygruppe entsteht. Das Produkt bezeichnet man als **Aldol** und die Reaktion, die zu dessen Bildung geführt hat, nennt man **Aldol-Addition.** Es ist auch möglich, dass das Aldol seine Hydroxygruppe und ein benachbartes Wasserstoffatom abspaltet – zusammen also ein Wassermolekül –, wobei sich zwi-

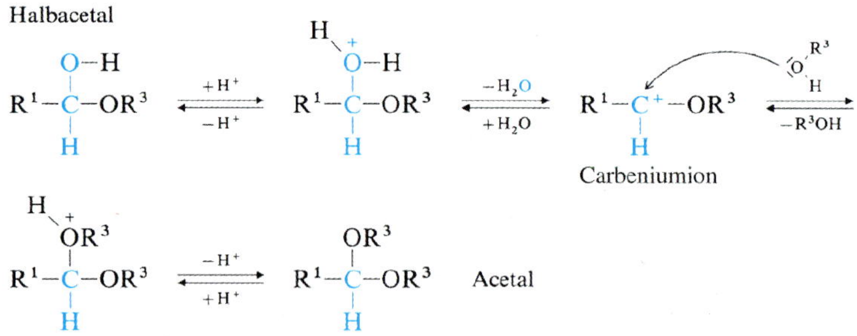

Abb. 12.7 Acetalbildung

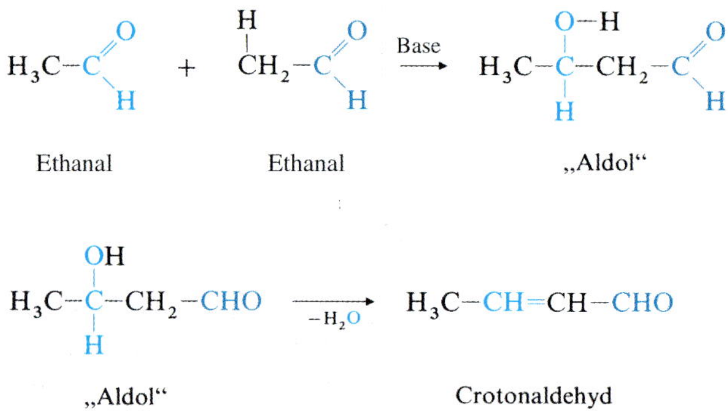

Abb. 12.8 Aldol-Addition und Aldol-Kondensation

schen dem α- und dem β-C-Atom eine Doppelbindung ausbildet. Man spricht dann von einer **Aldol-Kondensation** (➤ Abb. 12.8).

FÜR AHNUNGSLOSE

Ein **Aldol** besteht aus **Ald**ehyd und Alkoh**ol.**

- **Oxidation:** Ein Aldehyd kann, wie ein Alkohol auch, **oxidiert** werden. Der Aldehyd lagert Wasser an und spaltet dann 2 H-Atome ab. Dabei entsteht eine **Carbonsäure.** Dagegen ist ein **Keton,** aufgrund fehlender H-Atome, **nicht oxidierbar.**

MERKE

Da Aldehyde im Gegensatz zu Ketonen oxidierbar sind, kann man sie durch Oxidationsmittel nachweisen. Die beiden bekanntesten sollte man kennen:
Die **Fehling-Probe** führt zu einem rötlichen Niederschlag aus Kupfer(I)-oxid, wohingegen das **Tollens-Reagenz** zu einem schwarzen Niederschlag – möglicherweise auch zu einem glänzenden Spiegel – aus elementarem Silber führt.

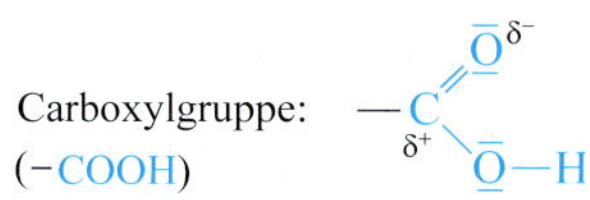

Abb. 12.9 Carboxylgruppe

12.1.4 Carbonsäuren

Neben sogenannten Mineralsäuren wie HCl, die im anorganischen Teil präsentiert wurden, gibt es natürlich auch organische Säuren. Diese sind durch eine gemeinsame funktionelle Gruppe gekennzeichnet, die **Carboxylgruppe** (➤ Abb. 12.9).

FÜR AHNUNGSLOSE

Carboxylgruppen bestehen aus einer **Carb**onylgruppe und einer Hydr**oxylgruppe.**

Die Nomenklatur dieser als Carbonsäuren bezeichneten Verbindungen gestaltet sich vergleichsweise einfach. Man hängt dafür schlicht an den Alkannamen

Tab. 12.1 Wichtige Monocarbonsäuren

IUPAC-Name	Trivialname	Name des Anions	Formel	Kettenlänge
Methansäure	Ameisensäure	Formiat	H-COOH	C_1
Ethansäure	Essigsäure	Acetat	H_3C-COOH	C_2
Propansäure	Propionsäure	Propionat	H_3C-CH_2-COOH	C_3
Butansäure	Buttersäure	Butyrat	$H_3C-(CH_2)_2$-COOH	C_4
Hexadecansäure	Palmitinsäure	Palmitat	$H_3C-(CH_2)_{14}$-COOH	C_{16}
Octadecansäure	Stearinsäure	Stearat	$H_3C-(CH_2)_{16}$-COOH	C_{18}

Tab. 12.2 Wichtige Dicarbonsäuren

IUPAC-Name	Trivialname	Name des Anions	Formel	Kettenlänge
Ethandisäure	Oxalsäure	Oxalat	HOOC-COOH	C_2
Propandisäure	Malonsäure	Malonat	HOOC-CH_2-COOH	C_3
Butandisäure	Bernsteinsäure	Succinat	HOOC-$(CH_2)_2$-COOH	C_4
Pentandisäure	Glutarsäure	Glutarat	HOOC-$(CH_2)_3$-COOH	C_5

die Endung **„säure"** an. Allerdings sind bei vielen Carbonsäuren auch die Trivialnamen gebräuchlich, die man spätestens für die Biochemie kennen sollte.

Wie der Name schon sagt, geben Carbonsäuren gerne ein Proton ab. Zunächst scheint dies verwunderlich, da weder Hydroxy- noch Carbonylgruppen zwangsläufig zu einer hohen Azidität führen. Bei Carboxygruppen kann jedoch die negative Ladung, die verbleibt, wenn ein Proton abgegeben wird, über **Mesomerie** stabilisiert werden (➢ Exkurs: Mesomerie, S. 58). Zudem kann die Azidität einer Carbonsäure noch gesteigert werden, wenn im Molekül weitere Heteroatome vorhanden sind, die einen **elektronenziehenden –I-Effekt** ausüben.

FÜR AHNUNGSLOSE

Warum erhöhen elektronegative Substituenten die Fähigkeit der Carboxygruppe, ein Proton abzugeben? Durch den –I-Effekt werden die Elektronen der gesamten Verbindung in Richtung des den Effekt ausübenden Atoms gezogen. Dem Proton wird das bindende Elektronenpaar quasi „entrissen", was das Ablösen erleichtert.

Auch bei Carbonsäuren gibt es eine homologe Reihe. In der folgenden Tabelle findet ihr die wichtigsten Vertreter der Säuren mit **einer** Carboxygruppe, der **Monocarbonsäuren.** Die Schmelz und Siedepunkte steigen natürlich wie üblich mit zunehmender Kettenlänge an.

Natürlich gibt es auch mehrwertige Carbonsäuren, z. B. solche mit **zwei** Carboxygruppen, die **Dicarbonsäuren.** Einige wichtige sind in der folgenden Tabelle, perfekt zum Auswendiglernen, präsentiert. Andere Säuren, wie auch die Tricarbonsäuren, werden euch vor allem in der Biochemie begegnen. Eins sollte euch klar sein: Säuren mit mehreren Carboxygruppen haben auch mehrere pK_s-Werte.

Auch bei den Carbonsäuren kommt ihr an zwei wichtigen Reaktionen nicht vorbei:

- Eine Carbonsäure kann mit einem Alkohol reagieren. Wenn ihr die Notfallmethode anwendet, erkennt ihr, dass dabei Wasser abgespalten werden muss. Das Reaktionsprodukt bezeichnet man als Ester: **Carbonsäure + Alkohol → Ester + Wasser** (➢ Abb. 12.10). Ein Ester kann hydrolytisch wieder in Alkohol und Säure zerlegt werden.

MERKE

Für die Hydrolyse von Estern braucht man einen Katalysator. Verwendet man eine **Säu**re, ist die Reaktion **re**versibel. Nutzt man dagegen eine Base, ist die Reaktion irreversibel.

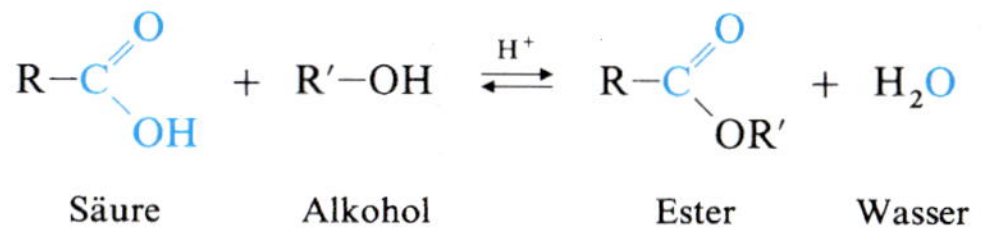

Abb. 12.10 Esterbildung

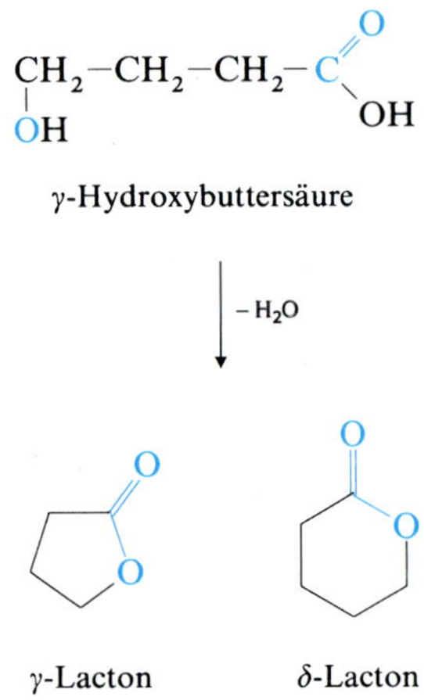

Abb. 12.11 Lactone

Wenn es in einem Molekül sowohl eine Carboxy- als auch eine Hydroxygruppe gibt, kann dann innerhalb des Moleküls ein Ester entstehen? Ja, das kann passieren! Man spricht dann von einem, „cyclischen inneren Ester", einem **Lacton** (➤ Abb. 12.11). Wenn die Hydroxygruppe am γ- oder am δ-C-Atom hängt, bezeichnet man das Lacton als γ- oder δ-Lacton.

- Die zweite wichtige Reaktion ist die zweier Carboxygruppen miteinander. Beide Gruppen reagieren unter Wasserabspaltung zu einem Säureanhydrid (im Wort „Anhydrid" steckt schon die Wasserabspaltung): **Säure + Säure → Anhydrid + Wasser** (➤ Abb. 12.12)

FÜR DIE KLAUSUR

Anhydrid- und Estergruppen müsst ihr in Molekülen erkennen. Haltet euch in diesem Sinne an den Dreisatz der organischen Chemie: Anschauen – selbst zeichnen – nie mehr vergessen!

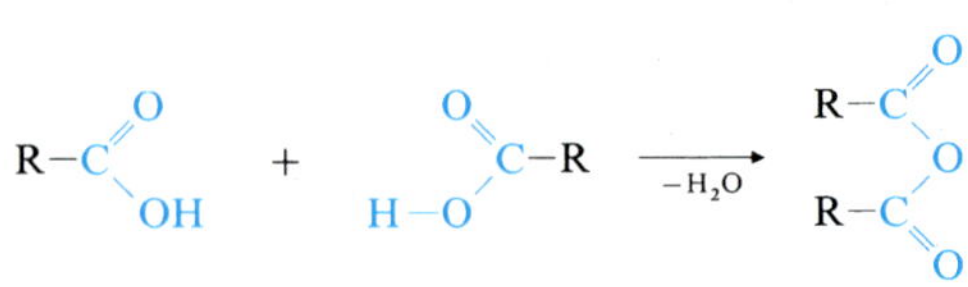

Abb. 12.12 Säureanhydridbildung

Exkurs: Phosphorsäure

Auch anorganische Säuren können mit Alkoholen zu Estern reagieren. So kann die Phosphorsäure dank ihrer drei Hydroxygruppen bis zu drei Esterbindungen ausbilden (➤ Abb. 12.13). In einigen biochemisch relevanten Molekülen ist sie zumindest als Diester vertreten, was euch dazu veranlassen sollte, auch diese Struktur in eurem Gedächtnis abzuspeichern!

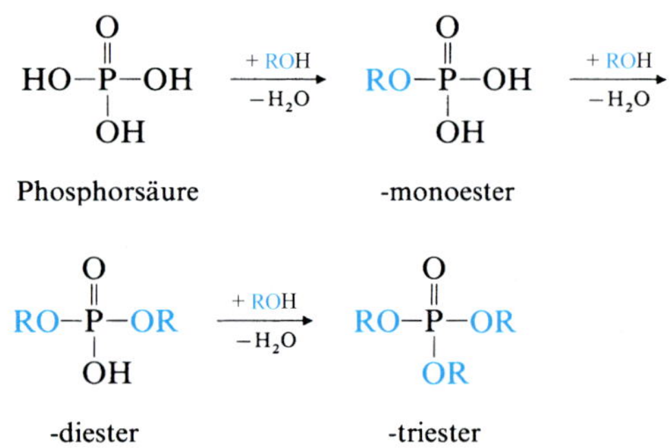

Abb. 12.13 Phosphorsäureester

12.2 Stickstoffhaltige funktionelle Gruppen

Keine Sorge, dieses Kapitel wird im Vergleich zu den sauerstoffhaltigen funktionellen Gruppen kürzer ausfallen. Stickstoff besitzt als Atom der fünften Hauptgruppe fünf Valenzelektronen. Von diesen fünf bilden zwei ein freies Elektronenpaar, während die anderen drei Bindungen ausbilden wollen. Das Molekül, das als Grundgerüst für die Stoffklasse dienen wird, mit der sich dieses Kapitel beschäftigt, kennt ihr bereits: Es ist das **Ammoniak,** in dem die Bindungen des Stickstoffs mit Wasserstoffatomen besetzt sind. Von ihm leitet sich auch der Name der Stoffklasse ab – die **Amine.**

Anstelle der H-Atome können auch C-Atome an das Stickstoffatom des Ammoniaks binden.

- Ist nur ein H-Atom durch ein C-Atom ersetzt, spricht man von einem **primären Amin.**

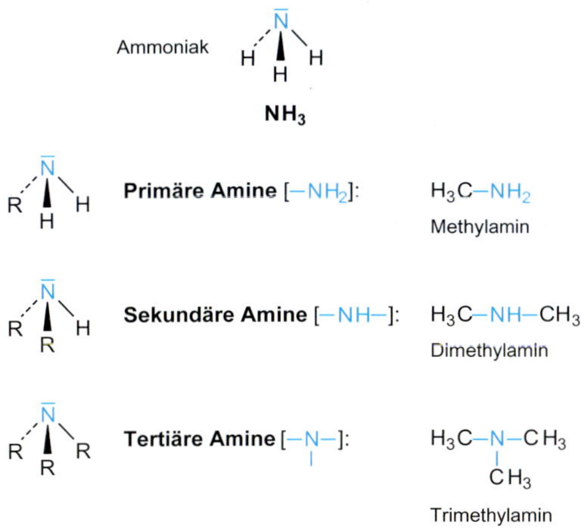

Abb. 12.14 Ammoniak und Klassifizierung der Amine

- Sind zwei H-Atome durch C-Atome ersetzt, spricht man von einem **sekundären Amin.**
- Sind drei H-Atome durch C-Atome ersetzt, spricht man von einem **tertiären Amin** (➤ Abb. 12.14).

> **! ACHTUNG**
> Hier besteht Verwechselungsgefahr: Macht euch deshalb zunächst noch mal klar, wie die Begriffe primär, sekundär und tertiär bei den Alkoholen definiert sind (➤ Kap. 12.1.1).

Wenn an einem Molekül eine NH_2- oder NH-Gruppe als funktionelle Gruppe hängt, bezeichnet man diese entsprechend als **Aminogruppe.**

Wenn ihr euch die Strukturformeln der dargestellten Amine betrachtet, erkennt ihr, dass jedes Stickstoffatom ein freies Elektronenpaar besitzt. Wo so viel negative Ladung ist, kann mit Leichtigkeit ein Proton binden, sodass auch die Amine in Wasser **basisch** reagieren.

Es gibt auch eine Situation, in der ein Stickstoffatom mit vier C-Atomen (oder organischen Resten) verbunden ist. Die Entstehung soll uns nicht weiter interessieren, wichtig ist nur: Es trägt dann eine positive Ladung und man spricht von einem **quartären Ammonium-Ion** (➤ Abb. 12.15).

Auch zu den Aminen gibt es zwei wichtige Reaktionen, die ihr kennen, und deren Produkte ihr erkennen solltet:

- Da das C-Atom einer Carbonylgruppe positiv polarisiert ist, kann das freie Elektronenpaar eines (primären) Amins an diesem C-Atom angreifen. Im Rahmen dieser Reaktion zwischen einem Aldehyd bzw. Keton und dem Amin entsteht zunächst ein **Zwitterion.** Zwitterionen tragen innerhalb eines Moleküls positiv und negativ geladene funktionelle Gruppen. Ihre Nettoladung addiert sich zu null. Aus diesem Zwitterion wird ein Wassermolekül abgespalten. Das Produkt ist ein Imin (auch Schiff-Base genannt), das ihr sehr gut an der charakteristischen **Doppelbindung zwischen N- und C-Atom** erkennen könnt. Imine sind biochemisch bei **Transaminierungen,** also Übertragungen von Aminogruppen, relevant: **Amin + Aldehyd/Keton → Imin + Wasser** (➤ Abb. 12.16).

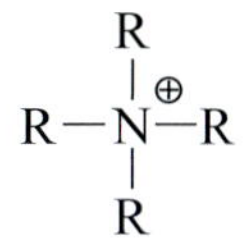

Abb. 12.15 Quartäres Ammoniumsalz

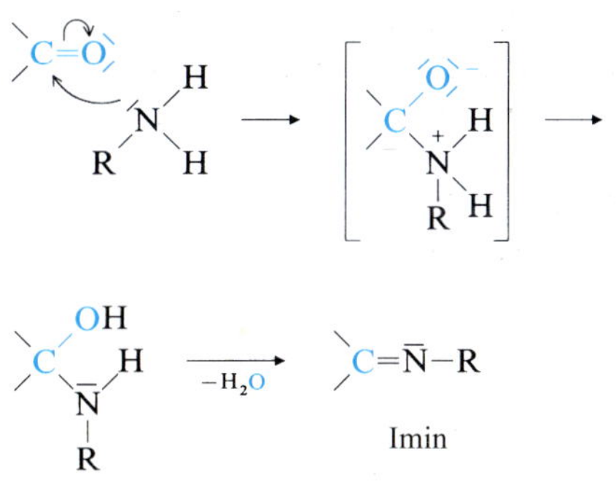

Abb. 12.16 Iminbildung aus Aldehyd/Keton und Amin

- Die zweite sehr wichtige Reaktion ist die Bildung eines Amids, die ihr euch, vereinfacht als analog zur Bildung eines Esters (➤ Kap. 12.1.4) vorstellen könnt. Diese Reaktion findet in unserem Körper im Rahmen der Proteinbiosynthese statt und wird enzymatisch katalysiert. Bei der Amidbildung reagiert eine Carboxygruppe mit einem Amin. Dieses Amin muss dabei ein H gebunden haben, darf also nicht tertiär sein. Bei der Reaktion, bei der ihr euch mit der Notfallmethode helfen könnt, wird die Hydroxygruppe zusammen mit einem H der Aminogruppe als Wasser abgespalten, und der Stickstoff tritt an ihre Stelle:

Amin + Säure → Amid + Wasser

Die Bildung der Amide ist für euch allerdings nicht so wichtig wie die nun folgenden Eigenschaften: Zunächst werden die Elektronen der gesamten Verbindung vom elektronegativen O-Atom stark in seine Richtung gezogen. Das gilt auch für das freie Elektronenpaar des Stickstoffs, sodass dieser nun **nicht mehr als Base reagieren wird.** Außerdem zeigt die Amidbindung **Mesomerie** (➤ Abb. 12.17). Das macht sie zum einen **stabil,** zum anderen auch **planar** und **nicht drehbar.** Da dies eigentlich Eigenschaften einer Doppelbindung sind, sagt man, dass die Amidbindung **partiellen Doppelbindungscharakter** besitzt.

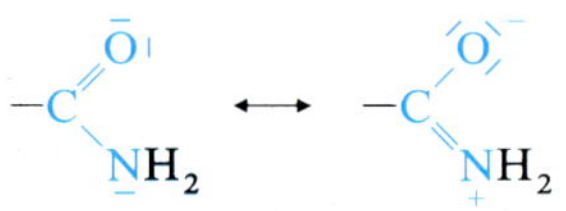

Abb. 12.17 Mesomerie der Amidbindung

FÜR DIE KLAUSUR

Da die Amidbindung extrem wichtig ist, um die Eigenschaften von Proteinen zu verstehen, solltet ihr euch diese Fakten im Hinblick auf die Biochemie gut einprägen!

Ist es auch möglich, dass sich in einem Molekül, das sowohl eine Amino- als auch eine Carboxygruppe enthält, ein „inneres Amid" ausbildet? Ja, das ist möglich, wenn die Gruppen nicht zu eng beieinander liegen! Man spricht dann von einem Lactam (➤ Abb. 12.18). Analog zur Benennung der Lactone (➤ Kap. 12.1.4) unterscheidet man auch hier zwischen γ-Lactamen, δ-Lactamen etc.

LERNTIPP

Wegen Verwechselungsgefahr: Lacta**m**e sind „innere A**m**ide" – Lactone sind innere Ester

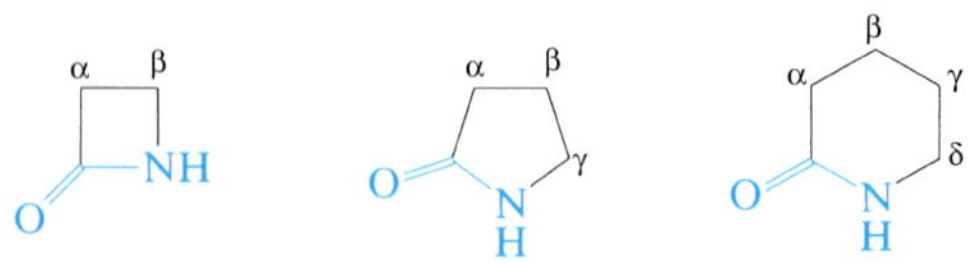

β-Lactam *γ*-Lactam *δ*-Lactam

Abb. 12.18 Lactame

Auch Amide können unter Säuren- oder Basenkatalyse hydrolysiert werden. Beide Katalysen sind im Gegensatz zur Esterhydrolyse **irreversibel.**

12.3 Schwefelhaltige funktionelle Gruppen

Die gute Nachricht zuerst: Dieses Kapitel wird sehr intuitiv. Warum? Weil Schwefel zur selben Hauptgruppe wie Sauerstoff gehört. Somit hat er ebenfalls **6 Valenzelektronen** und will in der Regel **2 Bindungen** eingehen. Das heißt auch, seine gängigen Reaktionen kennt ihr bereits von den sauerstoffhaltigen funktionellen Gruppen, wo ihr sie auch im Detail nachlesen könnt (➤ Kap. 12.1). Es gibt sogar ein Molekül, das analog zum Wasser gebaut ist, nur dass es eben Schwefel enthält. Es heißt **Schwefelwasserstoff** (H_2S) (➤ Abb. 12.19). Das Trinken von Schwefelwasserstoff ist allerdings weder empfehlenswert noch praktikabel, da Schwefelwasserstoff bei Raumtemperatur **gasförmig** ist. Warum ist das so? Schwefel ist weniger elektronegativ als Sauerstoff, weshalb sich auch nicht so starke Wasserstoffbrückenbindungen bilden können. Generell liegen deshalb die Schmelz- und Siedepunkte aller schwefelhaltigen Verbindungen niedriger als die vergleichbarer sauerstoffhaltiger Verbindungen.

12.3.1 Thiole

Thiole sind, wie der Name schon andeutet, das Schwefelpendant zu den Alkoholen (mit niedrigeren Schmelzpunkten) (➤ Abb. 12.19). Thiole werden auch als **Mercaptane** bezeichnet, da sie Quecksilber-Ionen (engl. mercury) einfangen können (engl. capture), um mit ihnen Komplexe zu bilden.

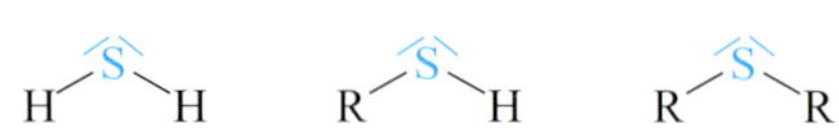

Schwefelwasserstoff Thiol (Mercaptan) Sulfid (Thioether)

Abb. 12.19 Schwefelwasserstoff, Thiol und Sulfid

FÜR AHNUNGSLOSE

Leitet sich die Bezeichnung Mercaptan wirklich aus dem Englischen ab? Nein, aber den meisten Studenten werden die englischen Begriffe geläufiger sein als „mercurius" oder „capere". Wenn ihr sie besitzt, solltet ihr in der mündlichen Prüfung aber eher durch eure Lateinkenntnisse zu glänzen versuchen!

Jetzt gut aufpassen: 2 Thiole können zusammen **oxidiert** werden, wobei jede Gruppe ein H-Atom (KEIN Proton) abgibt. Zwischen den beiden Schwefelatomen entsteht dabei eine **kovalente Bindung,** die natürlich sehr stabil ist. Diese sogenannte **Disulfidbrücke** (➤ Abb. 12.20) ist in der Struktur vieler Proteine sowie anderer Moleküle bedeutsam und wird euch auch noch mal in diesem Buch begegnen.

12.3.2 Andere schwefelhaltige funktionelle Gruppen

Die Bildung anderer funktioneller Gruppen, an denen Schwefel beteiligt ist (**Thioether, Thioester** [➤ Abb. 12.19]), gestaltet sich analog zu denen der sauerstoffhaltigen Gruppen. Ihr solltet versuchen, diese Reaktionen mit dem Wissen, das ihr bereits habt, selbst nachzuvollziehen. Zumindest muss man aber in der Lage sein, einen Thioether zu erkennen, wenn man ihn in der Klausur vor sich sieht.

MERKE

In einer **Thioesterbindung** ist **sehr viel Energie** gespeichert, die für weitere chemische Reaktionen der Bindungspartner genutzt werden kann!

12.4 Reaktivität

Insbesondere im Hinblick auf funktionelle Gruppen, die sich von den Carbonsäuren ableiten, den Carbonsäurederivaten, sollte man wissen, welche Gruppen mehr und welche weniger reaktiv sind. ➤ Abbildung 12.21 und der Merkspruch können euch dabei hoffentlich unterstützen.

LERNTIPP

Von geringer zu hoher Reaktivität:
Am **e**hesten **t**rinkt **An**na **C**ola

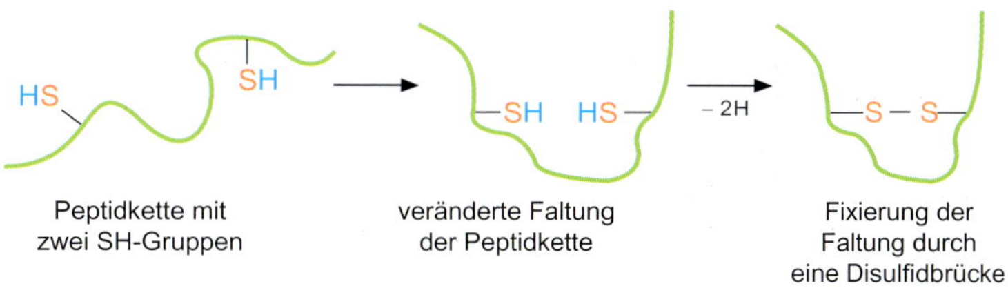

Abb. 12.20 Dissulfidbrückenbildung – Oxidation zweier Thiolgruppen

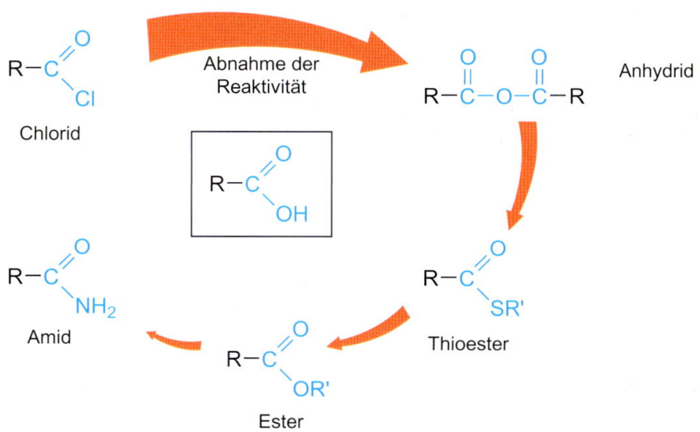

Abb. 12.21 Reaktivität der Carbonsäurederivate

12.5 Übungen

Vervollständige:
1. Halbacetal + Alkohol →
2. Alkohol + Alkohol →
3. Amin + Aldehyd →
4. Säure + Säure →

Ist die Aussage richtig oder falsch?

5. Thiolgruppen können zu einer Disulfidbindung reduziert werden.
6. In einem tertiären Amin ist das Ammoniak über drei Bindungen mit C-Atomen verknüpft.
7. Innerhalb eines Moleküls kann sich eine Amidbindung ausbilden, wobei es zum Ringschluss kommt

KAPITEL

13 Stereochemie

Stereoisomere wurden im Verlauf dieses Buches bereits vorgestellt. Es sind Moleküle, die über dieselbe Summenformel und Struktur verfügen, sich aber in ihrer räumlichen Anordnung unterscheiden. Betrachten wir also zwei Stereoisomere, hat jedes Atom in beiden Verbindungen die gleichen Bindungspartner.

Eine Untergruppe dieser Isomere sind die **Konfigurationsisomere,** bei denen sich die beiden Isomere nur durch Brechen und Neuverknüpfen von Bindungen in die andere überführen lassen. Ein Sonderfall der Konfigurationsisomere sind die **Enantiomere.** Diese Moleküle erfüllen alle Kriterien der Konfigurationsisomere, verhalten sich aber zudem wie **Bild- und Spiegelbild** zueinander und lassen sich nicht durch Drehen oder Wenden ineinander überführen (wie z. B. die Milchsäure) (➤ Abb. 13.1).

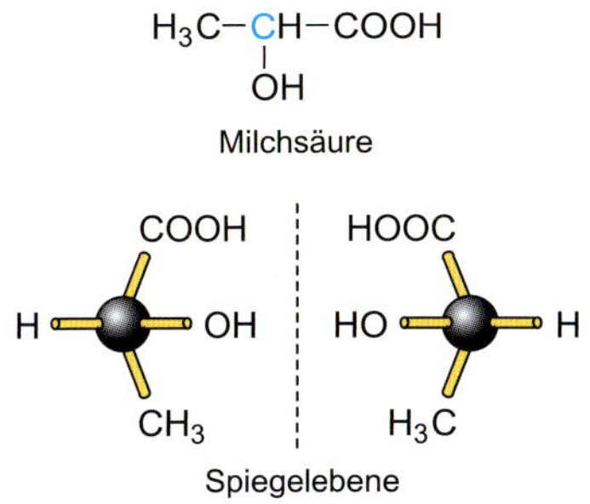

Abb. 13.1 Die zwei Enantiomere der Milchsäure

13.1 Chiralitätszentren

Ähnlich wie enantiomere Moleküle sind auch die menschlichen Hände Spiegelbilder, die sich nicht durch Drehen ineinander überführen lassen. Man bezeichnet diese Moleküle deswegen auch als „händig“ oder besser **„chiral“.** In einem chiralen Molekül gibt es immer ein C-Atom, das als **Chiralitätszentrum** fungiert und für die Chiralität verantwortlich ist. Wenn man es genau nimmt, gilt diese Bedingung nur für die zentrale Chiralität. Da aber dieser Sonderfall die einzige in der Medizinerausbildung wichtige Chiralität darstellt, können wir andere Kriterien für chirale Moleküle vernachlässigen.

Im Rahmen der Chemieausbildung ist es für euch wichtig, Chiralitätszentren erkennen zu können. Dabei gibt es glücklicherweise eindeutige Kriterien:

1. Das C-Atom muss **sp^3-hybridisiert** sein, also 4 Bindungen ausbilden.
2. Das C-Atom muss **4 verschiedene Substituenten** tragen.

Ist eins der Kriterien nicht erfüllt, ist das C-Atom kein Chiralitätszentrum und das Molekül ist damit **achiral.**

Übrigens: Als Synonyme für „Chiralitätszentrum" werden manchmal auch die Wörter „stereogenes Zentrum" oder „asymmetrisches C-Atom" gebraucht.

Da es wichtig ist, Chiralitätszentren in Strukturformeln erkennen zu können, ist hier ein kleiner Tipp: Man muss sich daran erinnern, dass, wenn an einem C-Atom in der Skelettformel nur zwei Einfachbindungen erkennbar sind, dieses C noch zwei Einfachbindungen zu H-Atomen ausbildet und somit nicht chiral sein kann.

FÜR DIE KLAUSUR

Falls man in der Klausur unter Zeitdruck gerät, kann man auf eine, zugegebenermaßen gewagte, Notlösung zurückgreifen, um die Anzahl der Chiralitätszentren einer großen Verbindung zu bestimmen:
Da man bei chiralen Molekülen oftmals unterscheiden muss, welches der beiden Spiegelbilder letztendlich vorliegt, ist an den Chiralitätszentren die Konfiguration oftmals durch **Keilstriche** angedeutet. Zählt man die Anzahl der C-Atome, an denen sich Keilstriche befinden, kommt man (hoffentlich) zur richtigen Anzahl an Chiralitätszentren.

13.2 Konfigurationen

Je nachdem, wie die Atome an einem Chiralitätszentrum angeordnet, also das Chiralitätszentrum konfiguriert ist, muss man dies in der Nomenklatur der Verbindung deutlich machen. Um die Konfiguration eines Chiralitätszentrums zu ermitteln, ist es erforderlich, zunächst den **Substituenten eine Priorität zuzuweisen.** Dabei erhält der Substituent mit der **höchsten Ordnungszahl** die höchste Priorität (1) und der mit der kleinsten Ordnungszahl die niedrigste (4). Dies folgt der **CIP-Nomenklatur** (kurz für Cahn, Ingold und Prelog). Haben zwei Substituenten die gleiche Ordnungszahl, zählt die Ordnungszahl der weiteren Bindungspartner.

FÜR AHNUNGSLOSE

Wie können zwei Substituenten die **gleiche** Ordnungszahl haben, wenn doch ein Chiralitätszentrum vier **unterschiedliche** Substituenten haben muss? Ganz einfach: In der Abbildung unten ist das chirale C-Atom zwar mit zwei C-Atomen verknüpft, diese zählen aber als Substituenten unterschiedlicher Priorität. Das eine C ist mit einer Hydroxygruppe + 2Hs (niedrige Priorität) und das andere mit einem Carbonyl-Sauerstoff + 1H (höhere Priorität) verknüpft. Die höhere Priorität ergibt sich daraus, dass eine Doppelbindung zu einem Atom mit großer Ordnungszahl auch „doppelt" gezählt wird!

Nun dreht man das chirale C-Atom in Gedanken so, dass der Substituent mit der niedrigsten Priorität (meistens wird das ein H-Atom sein) nach hinten (also ins Blatt hinein) zeigt. Man fährt nun mit dem Finger die Substituenten von Priorität 1, über 2 zur Priorität 3 ab. Tut man dies **im Uhrzeigersinn,** so bezeichnet man das Chiralitätszentrum als ***R*.** Tut man es **gegen den Uhrzeigersinn,** so bezeichnet man das Chiralitätszentrum als **S.** Die Konfiguration des Chiralitätszentrum wird vor dem Namen der Verbindung angegeben (➤ Abb. 13.2).

Exkurs: Optische Aktivität

Chirale Verbindungen können **linear polarisiertes Licht aus seiner Polarisationsebene drehen.** Was genau das bedeutet, wird allerdings eher Gegenstand eurer Physikausbildung sein. Wichtig ist vor allem eins: Da chirale Verbindungen diese „Drehfähigkeit" in Bezug auf Licht besitzen, bezeichnet man sie als **optisch aktiv.** Je nachdem, ob eine Verbindung das Licht nach rechts oder nach links dreht, bezeichnet man sie als **+ oder –.** Man sollte sich allerdings merken, dass man sich die + oder – Benennung nicht aus der R/S-Nomenklatur herleiten kann. Außerdem kann die Drehrichtung in Abhängigkeit vom verwendeten Lösungsmittel variieren.

Übrigens: Liegen in einem Gemisch die **(*R*)- und die (*S*)-Form eines Moleküls zu gleichen Teilen** vor, drehen zwar beide Enantiomere das Licht, da

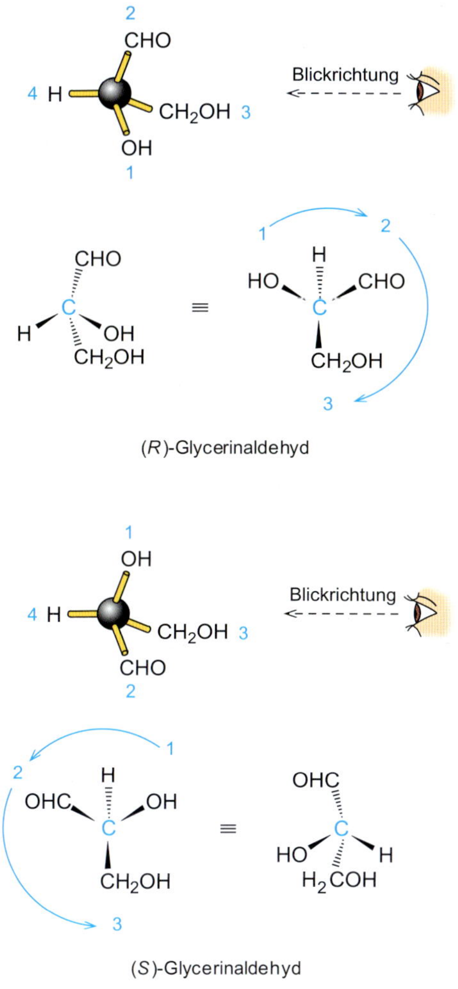

Abb. 13.2 (*R*)- und (*S*)-Enantiomer des Glycerinaldehyds

aber das eine nach links und das andere nach rechts dreht, ist das Licht nach Durchlaufen des Gemischs gar nicht gedreht. Man bezeichnet das Gemisch als **Racemat.**

13.3 Enantiomere und Diastereomere

Zur Erinnerung: Enantiomere sind Konfigurationsisomere, die sich wie Bild und Spiegelbild zueinander verhalten. Zwei Enantiomere verfügen weitgehend über **identische physikalische Eigenschaften** – mit Ausnahme der oben beschriebenen optischen Aktivität. Interessanterweise entfalten manche Enantiomere **im menschlichen Körper aber völlig unterschiedliche Wirkungen** (Enzyme können nämlich die Enantiomere unterscheiden).

Alle Konfigurationsisomere, die sich nicht wie Bild und Spiegelbild zueinander verhalten, nennt man **Diastereomere** (➤ Abb. 13.3). So sind z. B. die ***E/Z*-Isomere** an Doppelbindungen ein Beispiel für Diastereomere. Es können aber auch chirale Verbindungen Diastereomerie zeigen. Dafür muss eine Verbindung über **mindestens zwei Chiralitätszentren** verfügen.

Das obere Chiralitätszentrum ist „2". Das untere Chiralitätszentrum ist „3".

Außerdem wissenswert: Wenn man berechnen möchte, wie viele Stereoisomere eine Verbindung haben kann, liefert einem die Formel $\mathbf{2^n}$ die richtige Anzahl. Für n muss man dabei die Anzahl der Chiralitätszentren einsetzen.

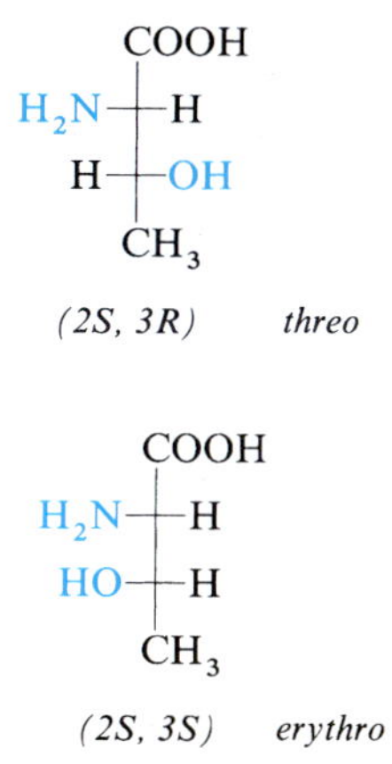

Abb. 13.3 Diastereomere am Beispiel von Threonin.

13.4 Fischer-Projektion

Um die Darstellung organischer Moleküle zu vereinheitlichen und zu vereinfachen, zeichnet man diese oftmals in der **Fischer-Projektion.** Um eine Verbindung in der Fischer-Projektion zu zeichnen, muss man Folgendes beachten:

13

1. Man zeichnet die längste Kette von oben nach unten.
2. Die am höchsten oxidierte Gruppe (in der der Kohlenstoff eine möglichst hohe Oxidationszahl hat) steht oben. Die Kette wird von oben nach unten von 1 aufwärts durchnummeriert.
3. Man muss sich nun vorstellen, dass alle vertikalen Bindungen (zwischen C-Atomen) nach hinten, also ins Blatt hinein, und alle horizontalen Bindungen nach vorne, also aus dem Blatt heraus, weisen.

LERNTIPP

Um nicht mehr zu vergessen, in welche Richtung die Bindungen in der Fischer-Projektion zeigen, müsst ihr euch nur vorstellen, dass ihr **von einem schüchternen Menschen umarmt** werdet. Die Arme zeigen nach vorne, Körperkontakt wird allerdings vermieden.

Aus der Fischer-Projektion kann man die Konfiguration an chiralen C-Atomen relativ schnell herauslesen. Man muss sich das Molekül einfach räumlich vorstellen und dann gedanklich so um das Molekül herumlaufen, dass der Substituent mit der niedrigsten Priorität vom Betrachter weg weist. Dann wendet man die „Uhrzeigersinn-Regel" an, um herauszufinden, ob das Molekül (*R*)- oder (*S*)-konfiguriert ist (➤ Abb. 13.4).

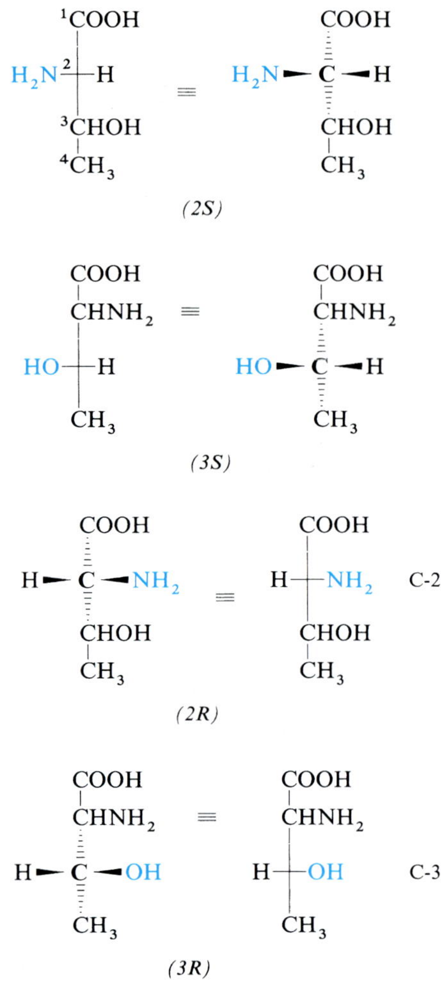

Abb. 13.4 Unterschiedliche Konfigurationen der Stereozentren am Threonin in der Fischer-Projektion

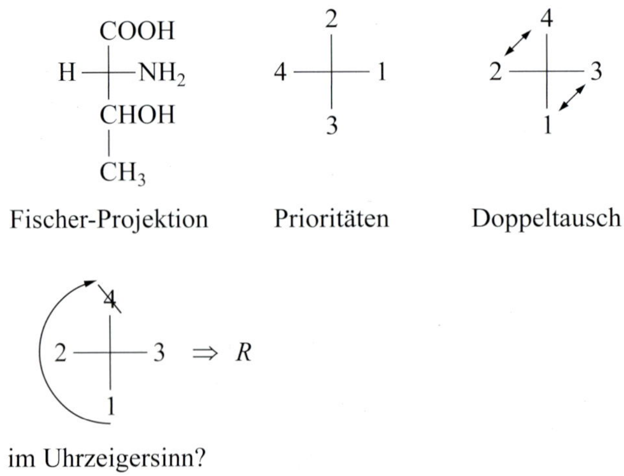

Abb. 13.5 Die Doppeltauschmethode

FÜR DIE KLAUSUR

Wenn ihr euch nicht auf euer räumliches Vorstellungsvermögen verlassen möchtet, könnt ihr eine Alternative nutzen: Man weist die Prioritäten zu und führt einen **„Doppeltausch"** durch, und zwar so, wie man mit der **linken Hand salutiert.** Nun wendet man erneut die „Uhrzeigersinn-Regel" an. Die „4" wird dabei ignoriert (➤ Abb. 13.5)!

Übrigens: Aus der Fischer-Projektion kann man noch auf eine andere Nomenklatur zurückgreifen: Weist die funktionelle Gruppe nach **rechts,** bezeichnet man das Chiralitätszentrum als **D** (lat. dexter). Weist sie dagegen nach **links,** spricht man von **L** (lat. laevus). Auch aus der D/L-Nomenklatur kann man keine Aussage über die optische Aktivität treffen.

13.5 Meso-Formen

Die Weinsäure (➤ Abb. 13.6) ist eine Dicarbonsäure mit zwei Stereozentren. Nach der uns bekannten Formel 2^n (➤ Kap. 13.3), sollte sie vier Stereoisomere haben.

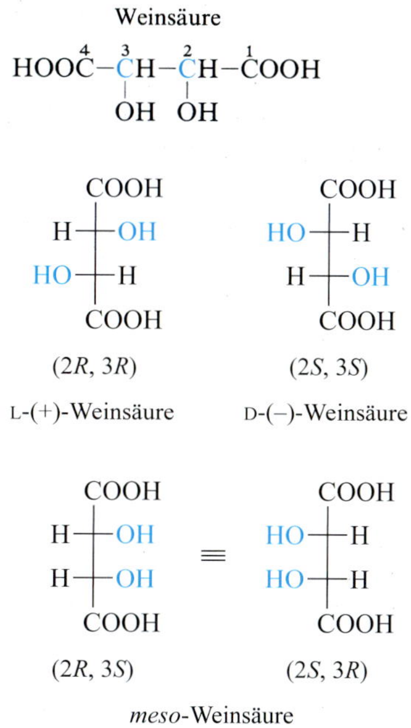

Abb. 13.6 Weinsäure

Tab. 13.1 Übersicht über Isomerien

<table>
<tr><td>Konstitutionsisomere: Gleiche Summenformel aber unterschiedliche Strukturformel/ Bindungsmuster</td><td colspan="4">Stereoisomere: Gleiche Summenformel, gleiche Struktur, aber unterschiedliche räumliche Anordnung</td></tr>
<tr><td rowspan="3"></td><td colspan="3">Konfigurationsisomere: Stereoisomere, die sich nicht durch Drehung um eine Einfachbindung ineinander überführen lassen</td><td>Konformationsisomere (Rotamere): Stereoisomere, die sich durch Drehung um eine Einfachbindung ineinander überführen lassen</td></tr>
<tr><td>Enantiomere: Konfigurationsisomere, die sich wie Bild und Spiegelbild zueinander verhalten</td><td colspan="2">Diastereomere: Konfigurationsisomere, die sich nicht wie Bild und Spiegelbild zueinander verhalten</td><td rowspan="2"></td></tr>
<tr><td></td><td>Epimere: Sonderfall der Diastereomere, die sich nur in der Konfiguration an einem C-Atom unterscheiden</td><td>E/Z-Isomere: Sonderfall der Diastereomere an unterschiedlich substituierten Doppelbindungen oder cis/trans-Isomerie an Ringstrukturen</td></tr>
</table>

Ihr seht aber, dass man die (2*R*, 3*S*)-Form und die (2*S*, 3*R*)-Form durch simples Drehen ineinander überführen kann. Das liegt daran, dass jedes Chiralitätszentrum zwar vier unterschiedliche Substituenten trägt, aber diese bei beiden Zentren exakt die gleichen sind.

Die Weinsäure ist allerdings die einzige für euch relevante Ausnahme von der 2^n-Regel.

13.6 Übungen

1. Welche Aussage trifft zu?
   a. Konstitutionsisomere lassen sich durch Drehen ineinander umwandeln.
   b. Epimere gehören zu den Stereoisomeren.
   c. Diastereomere verhalten sich wie Bild und Spiegelbild.
   d. Konfigurationsisomere lassen sich durch Drehen ineinander umwandeln.
   Ist die Aussage richtig oder falsch?
2. Ein 1 : 1-Gemisch von (*S*)- und (*R*)-Form einer chiralen Verbindung heißt Racemat.
3. In der Fischer-Projektion zeigen horizontale Verbindungen nach vorne,
4. Chiralitätszentren sind immer sp^3-hybridisiert.

KAPITEL

14 Lipide

Fette kennt jeder von euch in großer Vielfalt aus dem Alltag. Die chemische Gruppe der Fette ist sehr vielfältig, allerdings sollen in der Chemie nur die Grundlagen für das umfangreiche Verständnis der Fette gelegt werden, was dann Gegenstand der Biochemie sein wird.

> **LERNTIPP**
> Die Anzahl der Vokale im Namen der Fettsäure liefert euch die Anzahl der Doppelbindungen:
> **Ö**lsäure = 1 Doppelbindung
> L**i**n**o**lsäure = 2 Doppelbindungen
> L**i**n**o**l**e**nsäure = 3 Doppelbindungen
> **A**r**a**ch**i**d**o**nsäure = 4 Doppelbindungen
> Die Fettsäuren mit **L** (Linol- und Linolensäure) sind essenziell, können vom Körper also nicht hergestellt werden, sodass wir sie mit der Nahrung aufnehmen müssen.

14.1 Fettsäuren

Ihr habt bereits im Kapitel zu den Carbonsäuren zwei Fettsäuren kennengelernt (Kap. 12.1.4). Die langkettigen Monocarbonsäuren Stearinsäure und Palmitinsäure werden Fettsäuren genannt, da sie essentieller Bestandteil vieler Fette sind.

Wichtiges Merkmal aller Fettsäuren ist ihr **amphiphiler Charakter:** Die Carboxygruppe ist polar, wohingegen die Kohlenwasserstoffkette unpolar ist. Da weder in der Stearin- noch in der Palmitinsäure C-C-Doppelbindungen vorkommen, bezeichnet man sie auch als **gesättigte Fettsäuren.** Im Unterschied dazu gibt es auch **ungesättigte Fettsäuren,** die ihr in der ➤ Abbildung 14.1 findet. Ihr solltet sowohl die Kettenlänge als auch die Anzahl und Lage der Doppelbindungen kennen. Zur Bestimmung der Lage der Doppelbindung muss man die Kohlenwasserstoffkette von der Carboxygruppe aus durchnummerieren.

Die Doppelbindungen sind immer im Abstand von 3 C-Atomen eingebaut, man spricht folglich von **isolierten Doppelbindungen.** Aus dem Alltag kennt

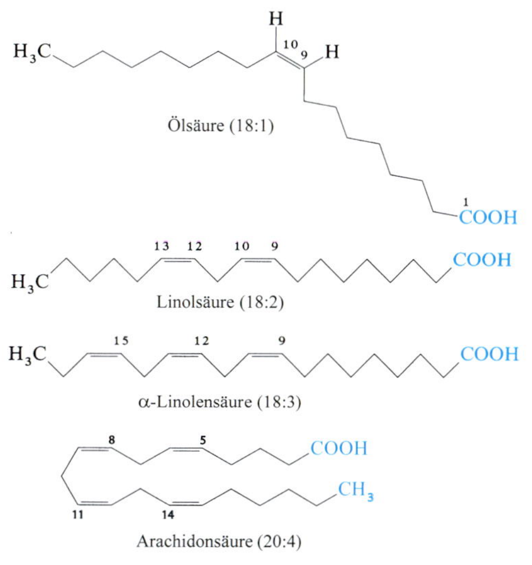

Abb. 14.1 Ungesättigte Fettsäuren

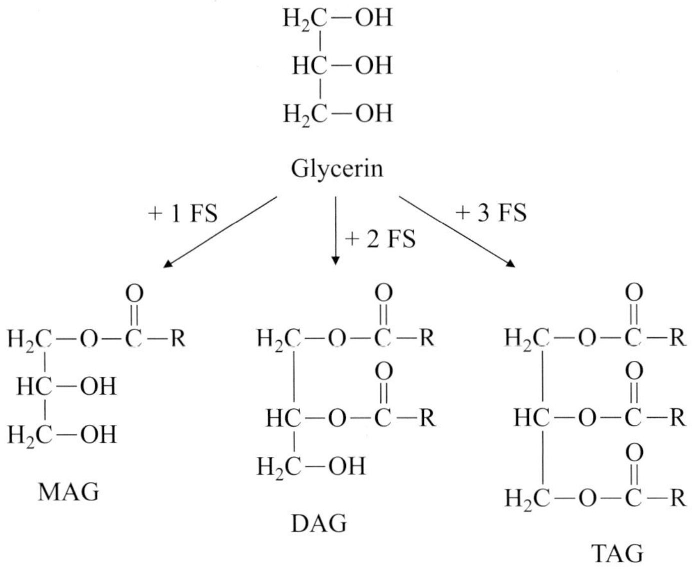

Abb. 14.2 Glycerin und Acylglyceride

ihr wahrscheinlich auch den Begriff der ω-3-Fettsäure (**Omega-3-Fettsäure**). Omega ist der letzte Buchstabe des griechischen Alphabets, folglich ist das C-Atom einer Verbindung, das am weitesten von der funktionellen Gruppe entfernt ist, das ω-C-Atom. Bei einer Omega-3-Fettsäure liegt eine Doppelbindung folglich zwischen dritt- und viertletztem C-Atom. Das ist, wie ihr den Strukturformeln entnehmen könnt, bei der Linolensäure der Fall.

Übrigens: Die Viskosität einer Fettsäure nimmt mit der Anzahl an Doppelbindungen ab. Außerdem: Die ungesättigten Fettsäuren in unserem Körper sind in der Regel *Z*-**konfiguriert.**

14.2 Fettsäuren in Verbindungen

Fettsäuren liegen in unserem Körper zumeist nicht frei vor. Sie sind oft an **Glycerin,** einen dreiwertigen (NICHT tertiären) Alkohol gebunden. Was passiert, wenn eine Säure mit einem Alkohol reagiert? Es entsteht ein Ester! An einem dreiwertigen Alkohol können folglich sogar bis zu drei Ester entstehen, also auch drei Fettsäuren gebunden werden (➢ Abb. 14.2).

- Ist nur eine Fettsäure an Glycerin gebunden, spricht man von einem **Monoacylglycerid (MAG).** Da die Esterbindung sowie die Fettsäure unpolar sind, während die zwei unbesetzten Hydroxygruppen des Moleküls polar sind, ist eine solche Verbindung **amphiphil.**
- Sind zwei Fettsäuren an Glycerin gebunden, spricht man von **Diacylglycerid (DAG).** Auch hier ist aufgrund der verbliebenen OH-Gruppe der **amphiphile** Charakter des Moleküls noch vorhanden.
- Sind drei Fettsäuren gebunden, spricht man von einem **Triacylglycerid (TAG).** Das ist die Form, in der Fett in unserem Körper gespeichert wird. Triacylglyeride sind **unpolar.**

Übrigens: Von der Stearinsäure (C_{18}) leitet sich ein Ringgerüst ab, das passenderweise Steran oder Gonan heißt. Es hat allerdings nur 17 C-Atome und dient als Grundgerüst für viele Steroidhormone, die euch in der Biochemie begegnen werden.

14.3 Übungen

Ist die Aussage richtig oder falsch?

1. Arachidonsäure ist eine essenzielle FS.
2. Monoacylglyceride sind amphiphil.

3. Fettsäuren und Glycerin sind über eine Säureanhydridbindung verknüpft.
4. Ungesättigte FS enthalten sp^2-hybridisierte C-Atome.
5. Doppelbindungen ungesättigter Fettsäuren sind in der Regel trans-konfiguriert.
6. Die Palmitinsäure besteht aus 16 C-Atomen.

KAPITEL

15 Aminosäuren, Peptide und Proteine

Ihr wisst mit Sicherheit bereits, dass Proteine nicht nur als Energiesubstrate für unseren Körper wichtig sind, sondern vor allem im **Baustoffwechsel** eine Rolle spielen. Proteine bestehen aus Aminosäuren, die wir uns nun anschauen wollen.

15.1 Aminosäuren

Zunächst einmal solltet ihr euch darüber im Klaren sein, dass es eine unfassbare Vielfalt von Aminosäuren gibt. Die, mit denen wir uns hier beschäftigen wollen, sind Säuren, die einerseits eine **Carboxygruppe** und andererseits am α-C-Atom eine **Aminogruppe** tragen (➤ Abb. 15.1). Man nennt sie folglich **α-Aminocarbonsäuren.** Sie besitzen alle eine gemeinsame Struktur, die ihr der Abbildung entnehmen könnt, unterscheiden sich aber in einem Rest (R).

Auch unter den α-Aminocarbonsäuren sind noch lange nicht alle für uns interessant. In diesem Kapitel sollen uns nur die **proteinogenen** Aminosäuren beschäftigen, also nur diese, die in unserem Körper in Proteine eingebaut werden und ihm dadurch Struktur und Form geben.

Stellt man die Aminosäuren in der Fischer-Projektion dar, kann die Aminogruppe entweder nach links (L-Aminosäure) oder nach rechts (D-Aminosäure) zeigen (➤ Abb. 15.2). Ihr solltet euch merken, dass die wichtigen Aminosäuren in unserem Körper **L-konfiguriert** sind.

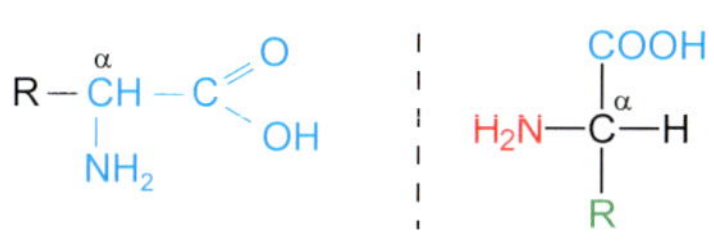

Abb. 15.1 Aminosäuren – allgemeine Formel

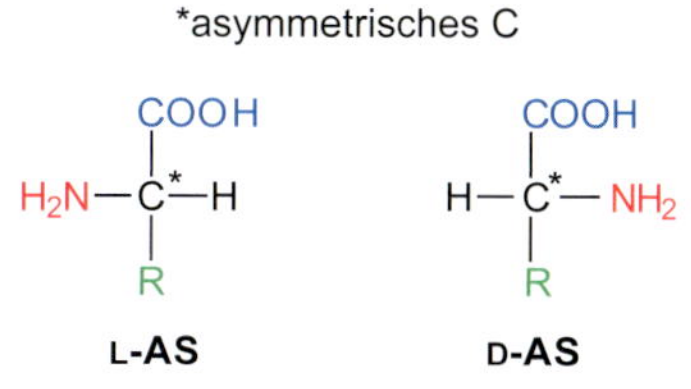

Abb. 15.2 D- und L-Aminosäuren

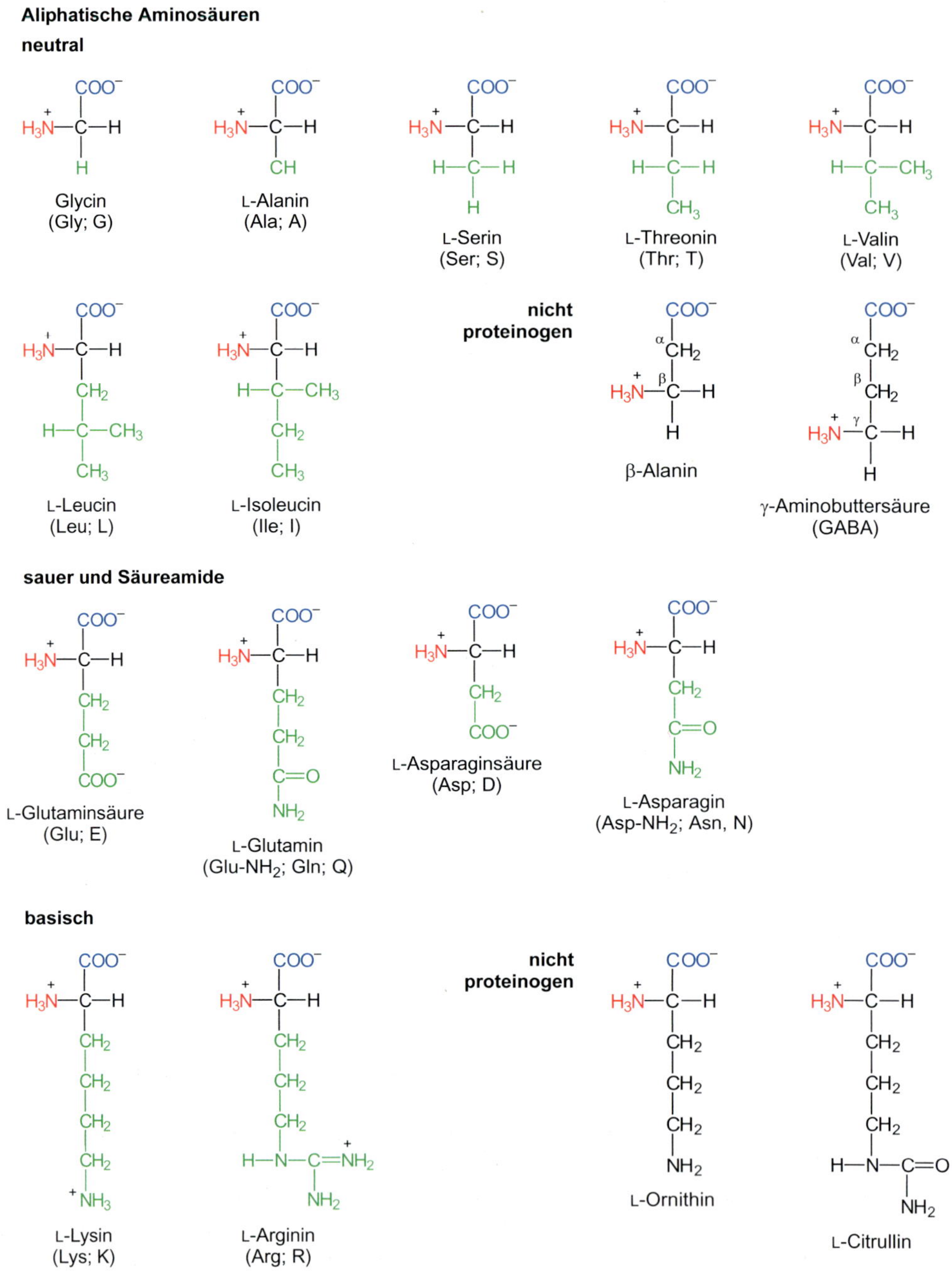

Abb. 15.3a Wichtige Aminosäuren

15.1.1 Proteinogene Aminosäuren

Die 20 proteinogenen Aminosäuren müsst ihr erkennen und zeichnen können, weshalb sie im Folgenden dargestellt sind (➤ Abb. 15.3). Wichtig dabei: Lernt die Aminosäuren direkt gruppenweise (also alle basischen AS, alle sauren AS usw.), so erspart ihr euch später viel Zeit!

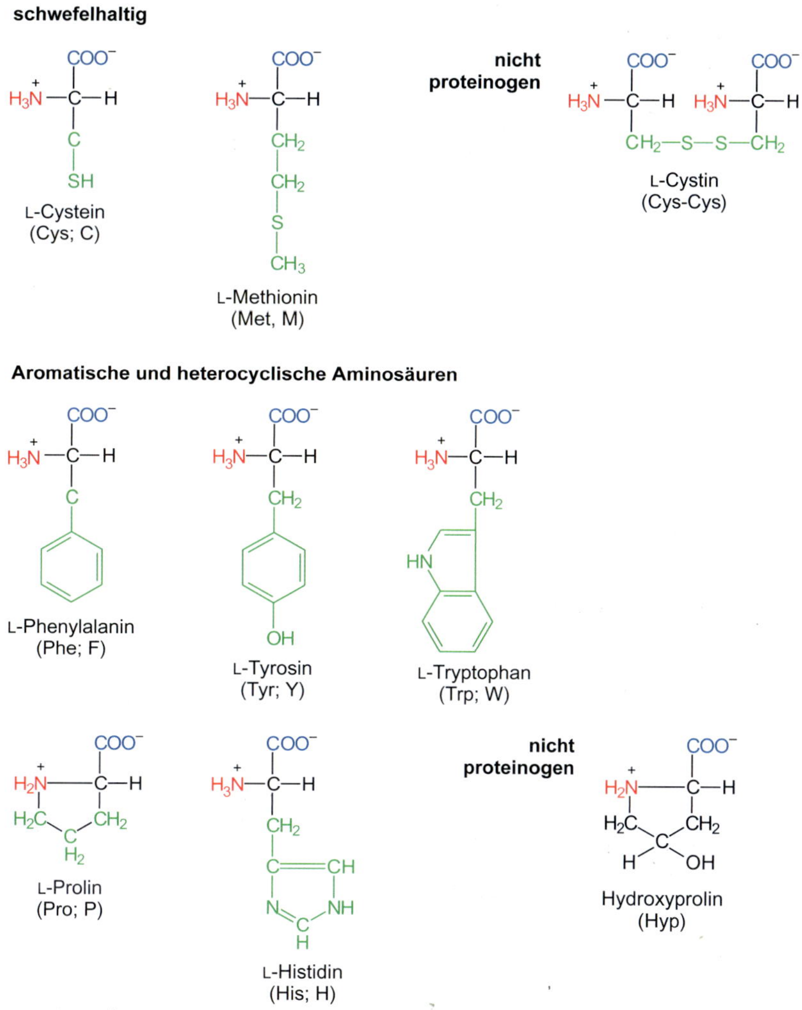

Abb. 15.3b Wichtige Aminosäuren

Ihr findet in der Abbildung außerdem vier nichtproteinogene Aminosäuren. Diese werden euch in der Biochemie später noch mal begegnen. Wenn ihr aber gerade zu viel Zeit habt, schadet es nicht, sich schon jetzt einmal mit ihrer Struktur auseinanderzusetzen! Jede Aminosäure hat zudem eine Abkürzung aus drei Buchstaben, die ihr kennen solltet, wobei diese eher intuitiv sind. Außerdem gibt es auch noch einen 1-Buchstaben-Code, der euch aber, wenn ihr nicht jeden Tag Publikationen lest, nicht unbedingt interessieren muss.

15.1.2 Isoelektrischer Punkt

Vielleicht irritiert euch die Einteilung in saure und basische Aminosäuren, schließlich verfügen alle Aminosäuren definitionsgemäß über eine Carboxy- und eine Aminogruppe, können also sowohl Protonen aufnehmen als auch abgeben. Sie **sind amphotere Verbindungen.**

Befindet sich die Aminosäure in einem sauren Lösungsmittel, sind in der Lösung bereits viele Protonen vorhanden. Die Carboxygruppe wird also ihr Proton nicht abgeben können, wohingegen die Aminogruppe kein Problem haben wird, ein Proton zu finden, das sie anlagern kann. Die Aminosäure ist somit positiv geladen und würde, wenn man ein elektrisches Feld anlegt, zum negativen Pol wandern.

Befindet sich eine Aminosäure in einem alkalischen Lösungsmittel, herrscht in der Lösung ein Mangel an Protonen. Die Aminogruppe wird also kaum ein Proton anlagern können, wohingegen die Carboxygruppe mit Freude ihr Proton abgibt. Die Aminosäure ist negativ geladen, wandert in einem elektrischen Feld folglich zum positiven Pol.

Irgendwo zwischen diesen Extremen liegt ein Punkt, an dem sowohl die Carboxygruppe ein Proton abgegeben als auch die Aminogruppe ein Proton aufgenommen hat. Die Aminosäure trägt somit eine positive und eine negative Ladung. Im elektrischen Feld will sie einerseits zum positiven andererseits zum negativen Pol. Aus diesem Grund wandert sie letztendlich gar nicht. Man bezeichnet den pH-Wert, bei dem dieser Zustand erreicht ist, als **isoelektrischen Punkt.** Für die meisten Aminosäuren kann man diesen Punkt berechnen, indem man den Mittelwert der pK_s-Werte von Amino- und Carboxygruppen berechnet:

$$IP = \frac{pKs1 + pKs2}{2}$$

Doch nun zurück zu der Frage, wann man eine Aminosäure als sauer oder basisch bezeichnet: Manche Aminosäuren haben in ihrem Rest eine zusätzliche Amino- oder Carboxygruppe. Man könnte nun meinen, dass man den Mittelwert aller drei pK_s-Werte berechnen muss, um den pH am isoelektrischen Punkt zu erhalten, aber dem ist nicht so! Man berechnet den Mittelwert der **beiden pK_s-Werten, die am nächsten beieinander** liegen. Trägt die Aminosäure eine weitere Carboxygruppe in ihrem Rest, berechnet man das Mittel der pK_s-Werte beider Carboxygruppen. Trägt sie eine Aminogruppe, berechnet man das Mittel der pK_s-Werte beider Aminogruppen. Folglich liegt bei einigen Aminosäuren der IP im Alkalischen, bei anderen im Sauren. Das ist auch gleichzeitig das Kriterium dafür, ob eine Aminosäure als basisch oder als sauer klassifiziert wird.

LERNTIPP

Da ihr früher oder später lernen müsst, welche Aminosäuren essenziell sind, könnt ihr euch bereits jetzt mit dem obligatorischen Merkspruch vertraut machen:

Phänomenale **Is**olde **tr**übt **mit**unter **Leu**tnant **Val**entins **l**iebliche **Tr**äume
= Phenylalanin, Isoleucin, Tryptophan, Methionin, Leucin, Valin, Lysin und Threonin

15.2 Peptidbindung

Wir kennen nun also die Bausteine unserer Proteine. Jetzt wollen wir uns anschauen, wie diese Bausteine verknüpft werden, um ein Protein zu formen. Wenn man sich die Struktur unserer Aminosäuren anschaut und sich fragt, wie man eine Amino- und eine Carboxygruppe am besten verknüpfen kann, ist die Sache eigentlich klar: **Über eine Amidbindung!** Da diese Amidbindung die Grundlage für unser Peptid ist, bezeichnet man sie auch als **Peptidbindung.** Lest am besten noch einmal die wichtigsten Fakten zur Peptidbindung nach (➤ Kap. 12.2)!

Über Peptidbindungen sind die Aminosäuren zu langen Ketten verbunden. An einem Ende der Kette liegt eine freie Amino-, am anderen Ende eine freie Carboxygruppe vor. Diesen Umstand macht man sich zunutze, wenn man die Sequenz der Aminosäuren angeben will. Man gibt diese nämlich immer von aminoterminalen Ende (N-Terminal) zum carboxyterminalen Ende (C-Terminal) an. Versucht euch in der ➤ Abbildung 15.4 des Dipeptids zu orientieren. Wo sind die Enden? Welches Atom ist an der Peptidbindung beteiligt und wo sind die Reste, anhand derer ihr die Aminosäure identifizieren könnt?

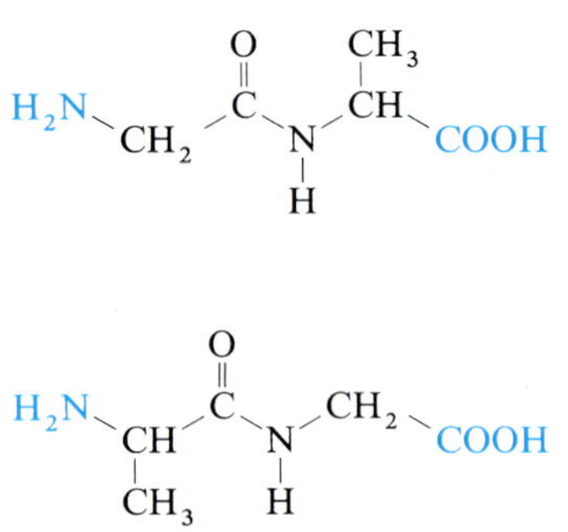

Abb. 15.4 Dipeptide aus Alanin und Glycin

LERNTIPP
Wie geben wir die Aminosäurensequenz an?
Von **N** – nach **C**

15.3 Peptid und Protein

Worin unterscheiden sich eigentlich Peptid und Protein? Das hängt davon ab, wie viele Aminosäuren zu einer Kette verknüpft sind! Einige der folgenden Definitionen sind allerdings nicht in Stein gemeißelt, sondern dienen vielmehr als Richtwerte:

Proteine liegen in der Regel nicht als lange Ketten vor, sondern **falten** sich. Die Strukturen eines Proteins werden auch gern in Klausuren abgeprüft.

Tab. 15.1 Nomenklatur der Peptide und Proteine

Anzahl der Aminosäuren	Bezeichnung
2	Dipeptid
3	Tripeptid
< 20	Oligopeptid
20–100	Polypeptid
> 100	Protein

15.3.1 Primärstruktur

Die Primärstruktur kennt ihr bereits. Sie ist nichts anderes als die **Aminosäurensequenz,** also die Reihenfolge der Aminosäuren im Protein.

15.3.2 Sekundärstruktur

Wenn ihr die Amidbindung betrachtet, seht ihr, dass an jedem Stickstoffatom ein Wasserstoffatom hängt, das aufgrund der Elektronegativität des Stickstoffs stark positiviert sein muss. Die O-Atome der Peptidbindung besitzen dagegen freie Elektronenpaare. Daher können sich zwischen diesen Atomen **Wasserstoffbrückenbindungen** ausbilden, sodass sich das Protein zu falten beginnt.

FÜR DIE KLAUSUR
Sekundärstrukturen entstehen also durch Wasserstoffbrückenbindungen zwischen **Hauptkettenatomen.** Eine beliebte Falschantwort wäre die Behauptung, dass sich die Wasserstoffbrückenbindungen der Sekundärstruktur zwischen den Seitenketten ausbilden.

Die zwei wichtigsten Sekundärstrukturen, die ihr auch kennen solltet, sind die α-**Helix** und das β-**Faltblatt** (➤ Abb. 15.5). Eine gelegentlich gefrag-

15

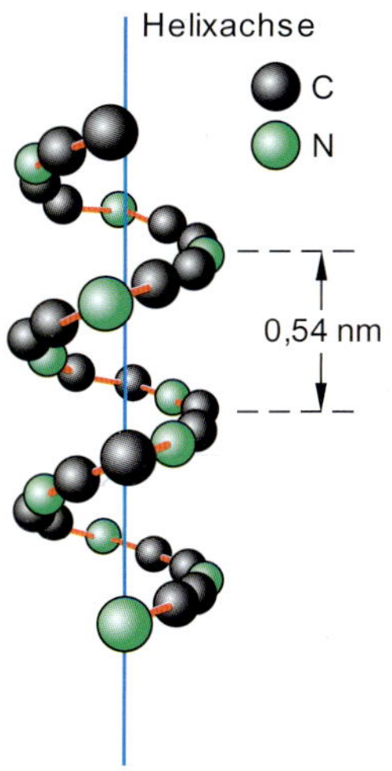

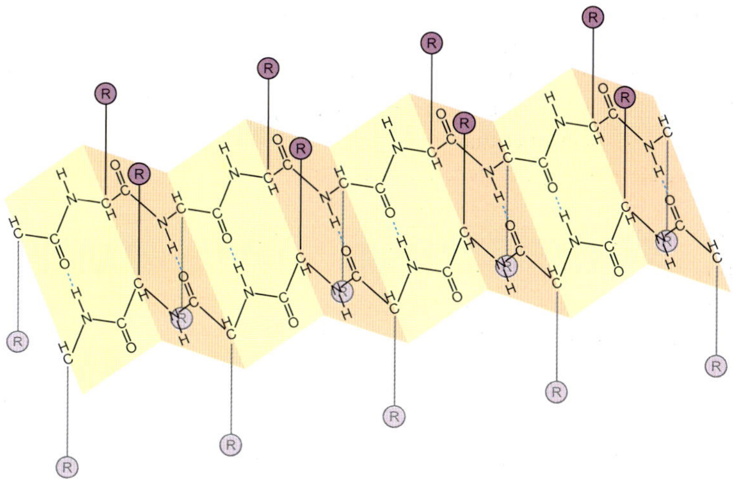

Abb. 15.5 α-Helix und β-Faltblatt

te Tatsache ist auch, dass eine Windung der α-**Helix** aus 3,6 Aminosäuren besteht.

15.3.3 Tertiärstruktur

15

Auch zwischen Seitenketten kann es zu einer Vielzahl von Wechselwirkungen kommen. Hydrophobe Wechselwirkungen, Wasserstoffbrücken und elektrostatische Anziehungskräfte sind nur einige der möglichen Kräfte, die eine weitere Faltung des Proteins zu sogenannten **Domänen** bewirken.

Wir haben bereits gelernt, dass eine der proteinogenen Aminosäuren das Cystein ist. Cystein trägt eine Thiolgruppe. Treffen zwei Thiolgruppen aufeinander, können beide oxidiert werden, wobei sich eine Disulfidbindung ausbildet (➤ Kap. 12.3). Diese Disulfidbrücken sind für die Struktur des Proteins von essenzieller Bedeutung.

Da es von dem pH-Wert der Umgebung abhängt, ob die funktionellen Gruppen der Seitenketten protoniert oder deprotoniert vorliegen, kann man auf diese Weise die Tertiärstruktur eines Proteins beeinflussen. Das ist außerdem ein Grund dafür, warum der Körper den pH-Wert in seinem Inneren möglichst konstant halten sollte!

15.3.4 Quartärstruktur

Lagern sich mehrere Proteineinheiten zu einem größeren Gebilde zusammen, dass dann zumeist eine besondere Funktion erfüllt, bilden diese eine Quartärstruktur. Das ist beispielsweise beim Hämoglobin der Fall, das aus vier zusammengelagerten Ketten besteht.

15.4 Übungen

1. Welche Aussage trifft nicht zu?
   a. Sind 100 oder mehr Aminosäuren zu einer Kette verknüpft, spricht man von einem Protein.
   b. Eine Peptidbindung ist eine Amidbindung.
   c. Die Aminosäurenkette wird von N- nach C-Terminal angegeben.
   d. Die Sekundärstruktur wird durch Wasserstoffbrückenbindungen zwischen OH-Gruppen der Seitenketten von Serin und Threonin stabilisiert.
2. Nenne die essenziellen Aminosäuren.
3. Zeichne die allgemeine Struktur einer Aminosäure und vergleiche diese mit der Abbildung in diesem Kapitel!
4. Berechne den Isoelektrischen Punkt von Lysin (pK_s-Werte: 2,2–8.9–10,28).

KAPITEL

16 Kohlenhydrate

Ihr habt mit Sicherheit schon eine grobe Vorstellung davon, was Kohlenhydrate sind. Chemisch gesehen lassen sich zumindest die Monosaccharide durch eine gemeinsame Summenformel beschreiben: $C_n(H_{2n}O)_n$. Jedem C-Atom wird quasi ein Wassermolekül zugeordnet, was auch den Namen Kohlenhydrat erklärt! Die einfachsten Zucker sind die **Monosaccharide,** die sich, ähnlich wie die Aminosäuren, zu größeren **Oligo-** oder **Polysacchariden** verknüpfen lassen.

FÜR DIE KLAUSUR

Die meisten Zucker erkennt ihr an der Endung **„ose"**. Das heißt aber nicht, dass alle Zucker diese Endung haben müssen!

16.1 Monosaccharide

16.1.1 Monosaccharide in der Fischer-Projektion

Um die Struktur von Monosacchariden darzustellen, greifen wir auf die Fischer-Projektion zurück. Auf diese Weise können wir wichtige Klassifikationskriterien und Eigenschaften der Zucker erkennen ➢ (Abb. 16.1). Alle Zucker tragen eine Carbonylgruppe. Diese ist entweder endständig (**Aldehyd**) oder an ein C-Atom innerhalb der Kette (**Keton**) gebunden. Verschiedene Monosaccharide unterscheiden sich in ihrer Kettenlänge. Je nach Kettenlänge ordnet man sie unterschiedlichen Gruppen zu:

3 C-Atome = **Triose** (z. B. Glycerinaldehyd)
4 C-Atome = **Tetrose**
5 C-Atome = **Pentose** (z. B. Ribose)
6 C-Atome = **Hexose** (z. B. Glucose)

Aufgrund dieser beiden Unterscheidungsmerkmale (funktionelle Gruppe und Kettenlänge) ordnet man Zucker einer Gruppe zu. So ist z. B. Glucose eine **Aldohexose,** da sie eine Aldehydgruppe trägt und aus 6 C-Atomen besteht.

Glucose und Galaktose sind beide Aldohexosen und trotzdem unterscheiden sie sich. Worin? In der Konfiguration an ihren Chiralitätszentren! Die C-Atome 2, 3, 4 und 5 sind bei diesen beiden Zuckern chiral.

(+)-D-Glycerinaldehyd (–)-L-Glycerinaldehyd

Abb. 16.1a Wichtige Kohlenhydrate

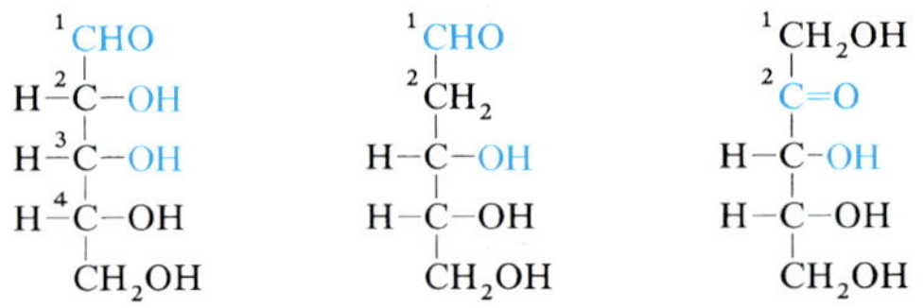

D-Ribose 2-Desoxy-D-Ribose D-Ribulose

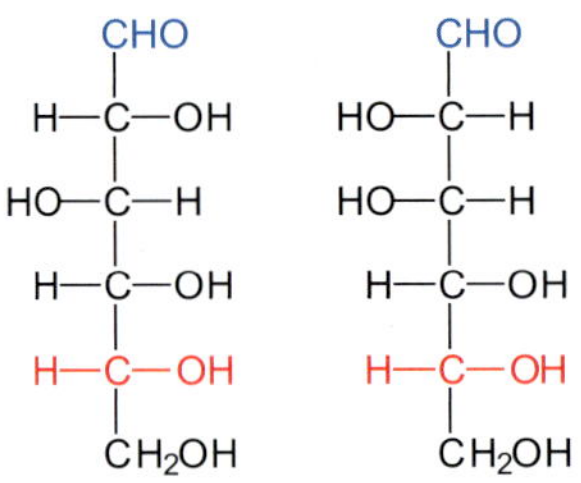

D-Glucose D-Mannose

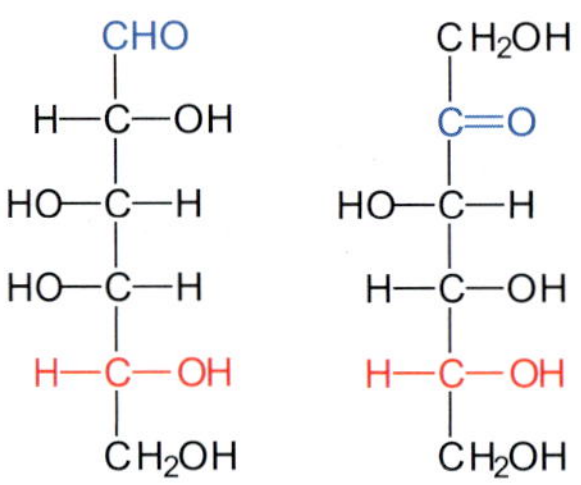

D-Galaktose D-Fructose

Abb. 16.1b Wichtige Kohlenhydrate

FÜR AHNUNGSLOSE

C-6 ist nicht chiral, da es mit zwei H-Atomen verbunden ist. C-1 ist nicht chiral, da es sp^2-hybridisiert ist.

Ihr müsst deshalb leider auch wissen, in welche Richtung die Hydroxygruppen bei einem Zucker zeigen, um ihn korrekt zeichnen zu können. Galaktose und Glucose sind Diastereomere, die sich nicht durch Spiegeln ineinander überführen lassen. Man bezeichnet sie auch als **Epimere.** Das sind Diastereomere, die sich lediglich in der **Konfiguration an einem C-Atom** unterscheiden!

Ihr seht außerdem, dass Zucker, wie Aminosäuren auch, nach der D/L-Nomenklatur klassifiziert werden. Diese Klassifikation richtet sich danach, ob die Hydroxygruppe des Chiralitätszentrums, das am weitesten von der Aldehyd- oder Ketogruppe entfernt ist, nach **rechts (D)** oder nach **links (L)** zeigt.

Im Gegensatz zu den Aminosäuren sind die meisten Zucker, die wir konsumieren, **D-Zucker!**

Macht es einen Unterschied, ob wir einen D- oder L-Zucker essen? Ja, und den kann man sogar schmecken. Den süßen Geschmack der D-Glucose kennt ihr, wohingegen L-Glucose bitter schmeckt.

LERNTIPP

Ein paar Eselsbrücken helfen einem dabei, sich die Konfigurationen der einzelnen Zucker einzuprägen. Bei der **Glucose** merkt man sich „ta tü ta ta". Die Hydroxygruppen an C_2, C_4 und C_5 zeigen also auf dieselbe Seite, wohingegen C_3 auf die andere Seite zeigt. Ob die Gruppen nach rechts oder links zeigen, hängt davon ab, ob ihr D- oder L-Glucose zeichnet.
Bei der **Galaktose** sehen die Hydroxygruppen aus wie die Spitze einer Rakete, die durch die **Gala**xis fliegt. Fructose sieht aus wie Glucose, nur eben als Ketose.

Im Körper (der hauptsächlich aus Wasser besteht) liegen Monosaccharide meistens nicht als Kette vor, sondern bilden Ringsysteme. Der Ringschluss läuft dabei immer nach einem ähnlichen Schema ab:

1. Die Hydroxygruppe des **letzten chiralen C-Atoms** greift an der Aldehyd- oder Ketogruppe an.
2. Das Sauerstoffatom der Hydroxygruppe wird als Sauerstoffbrücke Teil des Rings. Das Wasserstoffatom der Hydroxygruppe bildet mit dem Sauerstoff der Carbonylgruppe eine neue Hydroxygruppe.
3. Der fertige Ring lässt sich in der Haworth-Struktur darstellen (➤ Abb. 16.2).

FÜR AHNUNGSLOSE

Hier reagiert also eine Hydroxy- mit einer Carbonylgruppe. Wie nennen wir so eine Reaktion? Richtig, der entstehende Ring ist ein Halbacetal!

16.1.2 Monosaccharide als Haworth-Struktur

Um aus der Fischer-Projektion auf die Struktur des Rings in der Haworth-Struktur zu kommen, muss man verschiedene Punkte beachten. Euch wird auffallen, dass einige OH-Gruppen über und andere unter der Ringebene stehen. Ob ein Atom über oder unter dem Ring steht, könnt ihr euch aus der Fischer-

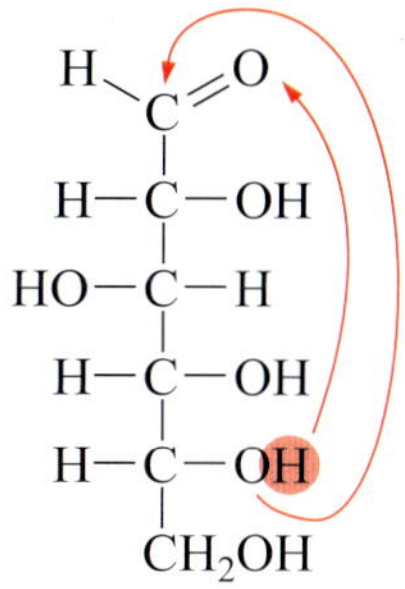

Abb. 16.2 Ringschluss der D-Glucose

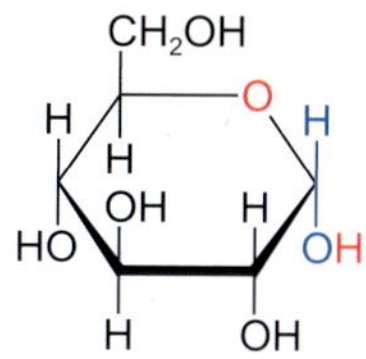

α-D-Glucopyranose

Abb. 16.3 α-D-Glucose als Beispiel einer Pyranose

Projektion herleiten. Beachtet bitte, welches C-Atom aus der Fischer-Projektion an welchem Ort in der Haworth-Struktur landet und versucht vielleicht auch mal, einige der anderen Monosaccharide selbst zu zeichnen.

LERNTIPP

FLOH: Fischer **L**inks **O**ben **H**aworth. Eine Gruppe, die in der Fischer-Projektion auf der linken Seite des Moleküls steht, zeichnet man in der Haworth-Schreibweise nach oben.

In der Ringform kann man noch eine weitere Unterscheidung zwischen den Zuckern machen. Liegen sie als Fünfring vor, spricht man von **Furanosen.** Einen Sechsring bezeichnet man als **Pyranose** (➤ Abb. 16.3). Außerdem seht ihr, dass an C_1, das früher die Aldehydgruppe trug, nun ein Chiralitätszentrum entstanden ist. Dieses Zentrum wird im Fall von Zuckern auch als **anomeres C-Atom** bezeichnet. Je nachdem, ob die Hydroxygruppe nach unten oder oben zeigt, bezeichnet nach den Zucker als α oder β. Bei der Glucose in unserem Körper stehen die α-, die β- und die offenkettige Form im Gleichgewicht. Man spricht von **Mutarotation.**

LERNTIPP

Furanose = **F**ünfring (4 C- und 1 O-Atom)
Pyranose = Sechsring (5 C- und 1 O-Atom)
Alpha = **a**bwärts
Beta = o**b**en

16.1.3 Wichtige Reaktionen der Monosaccharide

Selbstverständlich können auch die funktionellen Gruppen der Monosaccharide oxidiert oder reduziert werden. Im Folgenden sind die wichtigsten Reaktionsmechanismen für euch zusammengefasst, wobei es Punkte bringen kann, euch den Reaktionsmechanismus und das Produkt einzuprägen. Schaut gelegentlich mal auf die Fischer-Projektionen der Zucker, um euch die Reaktion und das Produkt besser vorstellen zu können.

- Aus **Glucose** entsteht durch **Oxidation an C1 Gluconsäure.**
- Aus **Glucose** entsteht durch **Oxidation an C6 Glucuronsäure.**
- Aus **Glucose** entsteht durch **Reduktion der Aldehydgruppe Sorbitol** (ein Polyalkohol).
- Aus **Mannose** entsteht durch **Reduktion der Aldehydgruppe Mannitol** (ebenfalls ein Polyalkohol. Mannitol ist wie die [*R, S*]-Weinsäure eine **Mesoform**!).

16.2 Disaccharide

Ihr wisst bereits, dass Monosaccharide sich verknüpfen lassen. Die Bindung zwischen den einzelnen Monosacchariden wird glykosidische Bindung genannt. Wir wissen, dass die Cyclisierung eines Monosaccharids eine Halbacetalbildung darstellt. Wie „normale" Halbacetale können unsere Zuckerringe ebenfalls weiterreagieren und Acetale bilden. An dieser Acetalbildung ist immer das anomere C-Atom des einen Monosaccharids beteiligt. Das andere Monosaccharid muss nicht zwingend mit seinem anomere C-Atom binden. Es muss sich auch nicht um ein Monosaccharid derselben Sorte handeln. Auch die glykosidische Bindung wird als α oder β klassifiziert. Je nachdem, ob die OH-Gruppe am anomeren C-Atom in α- oder β-Stellung steht.

Man gibt bei Disacchariden immer die beteiligten Zucker, die Nummern der beteiligten Atome und die α- oder β-Klassifikation an. Die wichtigsten Disaccharide und die zugrunde liegende Bindung solltet ihr kennen:

- **Lactose** (Milchzucker): **Galaktose** und **Glucose** sind **β-1,4-glykosidisch** verknüpft.
- **Maltose** (Malzzucker): **Glucose** und **Glucose** sind **α-1,4-glykosidisch** verknüpft.
- **Saccharose** (Haushaltszucker): α-**Glucose** und β-**Fructose** sind **1,2-glykosidisch** verknüpft. Beide anomeren C-Atome sind an der glykosidischen Bindung beteiligt.

LERNTIPP

Maltose ist als Malzzucker im Bier enthalten. Maltose besteht aus zwei Glucoseeinheiten, was als **Glc-Glc** abgekürzt wird. Wenn ihr versucht „Glc-Glc" auszusprechen, werdet ihr sehen, dass das in etwa dasselbe Geräusch ist, was in eurem Hals beim Biertrinken entsteht.

Man unterscheidet bei den Disacchariden reduzierende und **nicht-reduzierende Zucker.** Besitzt ein Zucker eine Aldehydgruppe, kann er an dieser oxidiert werden und ist damit selbst ein reduzierender Zucker. Ein Disaccharid besitzt nur dann eine Aldehydgruppe, wenn sich mindestens einer der beiden Zucker aus der Ringform in die Kettenform öffnen kann. Das wiederum ist nur dann möglich, wenn eins der anomeren C-Atome nicht an der glykosidischen Bindung beteiligt ist, da dort die Ringöffnung stattfinden muss. Somit ist Saccharose kein reduzierender Zucker, Lactose und Maltose dagegen schon.

FÜR DIE KLAUSUR

Enzyme, die Disaccharide spalten, haben denselben Namen wie der Zucker, mit dem Unterschied, dass sie auf **„ase"** enden. Die Lactase spaltet folglich Lactose. Wenn sie fehlt, bekommt man Schwierigkeiten bei der Verdauung von Milchprodukten (die verbreitete Lactose-Unverträglichkeit).

16.3 Polysaccharide

Man kann Monosaccharide natürlich auch zu längeren Zuckern verknüpfen. Diese nennt man dann Polysaccharide. Man unterscheidet Polysaccharide, die aus identischen Monosaccharideinheiten aufgebaut sind (**Homoglykane**) und solche, die aus unterschiedlichen Monosaccharideinheiten bestehen (**Heteroglykane**).

Ihr solltet folgende Polysaccharide und natürlich die Verknüpfung von deren einzelnen Bausteinen kennen:

- Zellulose: Zellulose gibt Pflanzen Struktur. Sie besteht aus Glucoseeinheiten, **die β-1,4-glykosidisch** verknüpft sind, ist also ein Homoglykan. Da der menschliche Körper keine β-Glucosidase besitzt, kann Zellulose nicht abgebaut werden. Man zählt sie deshalb zu den Ballaststoffen.
- Stärke: Stärke ist der Speicherstoff pflanzlicher Zellen. Sie besteht aus **Glucose, die** α-**glykosidisch** verknüpft ist, ist also ebenfalls ein **Homoglykan.** Im Unterschied zur Zellulose können wir Stärke verdauen. Stärke besteht aus **Amylose** und **Amylopektin.** In der Amylose liegt Glucose in **unverzweigten Ketten** α-**1,4-glycosidsch** verknüpft vor. Im Amylopektin sitzen an diesen Ketten noch Verzweigungen, an denen die Glucosemoleküle α-**1,6-glykosidisch** verknüpft sind.
- **Glykogen:** Glykogen ist der Speicherstoff tierischer und menschlicher Zellen. Glykogen ähnelt dem Amylopektin, wobei die Verzweigungen im Glykogen weitaus häufiger sind.
- **Hyaluronsäure:** Hyaluronsäure ist ein **Heteroglykan.** Sie kann sehr gut Wasser binden und ist deshalb in allen Flüssigkeiten, die druckelastisch sein müssen, oder eine andere mechanische Schutzfunktion ausüben, reichlich vorhanden. Hyaluronsäure besteht aus aneinandergereihten Dimeren aus **Glucuronsäure** und **N-Acetyl-Glucosamin.** Mehr zu ihr erfahrt ihr mit Sicherheit in der Biochemie.

16.4 Übungen

1. Inwiefern ist Zellulose für den Menschen von Bedeutung?
2. Maltose ist ein Disaccharid. Aus welchen Monosacchariden besteht sie?
3. Welche Aussage trifft zu?
   a. In Lactose sind die Monosaccharide α-1,4-glykosidisch verknüpft.
   b. Monosaccharide bilden unter Wasserabspaltung Ringe aus.
   c. Bei der Bildung eines Rings entsteht ein zusätzliches Chiralitätszentrum.
   d. Die biochemisch wichtigsten Zucker sind Tetrosen.

KAPITEL

17 Nukleinsäuren

Mit Sicherheit habt ihr alle schon von den Nukleinsäuren als Träger unserer Erbinformation gehört. Wir wollen uns nun deshalb mit den Strukturen der Nukleinsäuren befassen. Dafür gehen wir, wie schon bei den Kohlenhydraten und den Aminosäuren, von klein nach groß.

17.1 Nukleinbasen

Die Tatsache, dass das kleinste Molekül in einer Nukleinsäure eine Base sein soll, ist vielleicht etwas kontraintuitiv. Die Nukleinbasen, die sich von aromatischen Molekülen ableiten, sind aber von enormer Bedeutung in unserem Körper. Man teilt die Basen in zwei Gruppen ein, je nachdem, von welchem Heterozyklus sie sich ableiten.

17.1.1 Pyrimidinbasen

Den Heterozyklus Pyrimidin kennt ihr vielleicht bereits. Natürlich kann ein Pyrimidinmolekül (➤ Abb. 17.1) am Ring substituiert werden. Ihr solltet euch die Strukturformeln der Pyrimidinbasen genau einprägen, um sie auch in Fragen erkennen zu können!

! ACHTUNG

Es geht hier um Pyri**midin,** nicht um Pyridin! Hier ist die Verwechselungsgefahr sehr groß.

17.1.2 Purinbasen

Das Purin kennt ihr möglicherweise auch schon. Es sieht aus wie ein Pyrimidin, an das ein Imidazolring angehängt ist (➤ Kap. 11.7). Die beiden Purinbasen (➤ Abb. 17.2) solltet ihr selbstverständlich ebenfalls kennen.

Um euch nicht verwirren zu lassen, wenn ihr in einer Klausur Basen erkennen müsst, solltet ihr auf die Merkhilfen zurückgreifen.

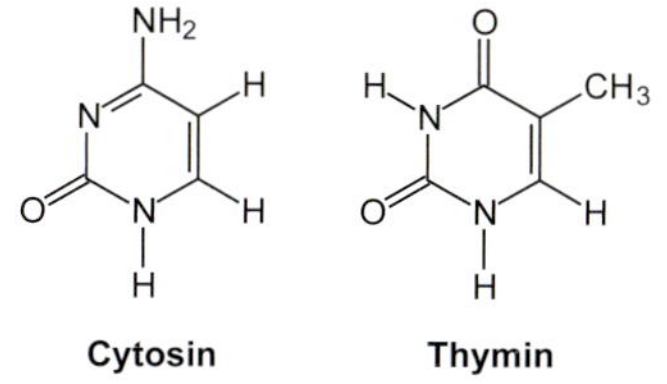

Abb. 17.1 Pyrimidinbasen

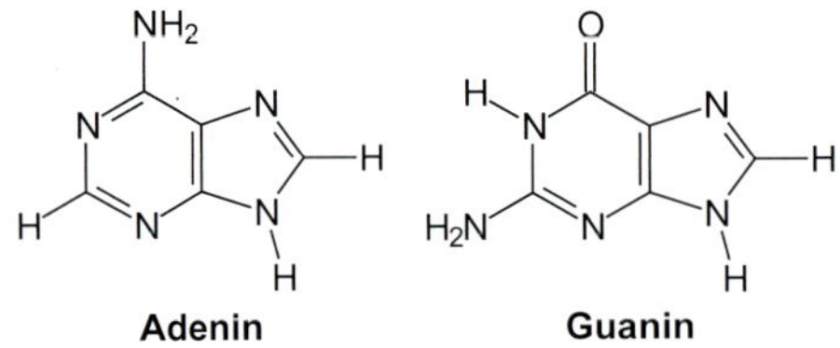

Abb. 17.2 Purinbasen

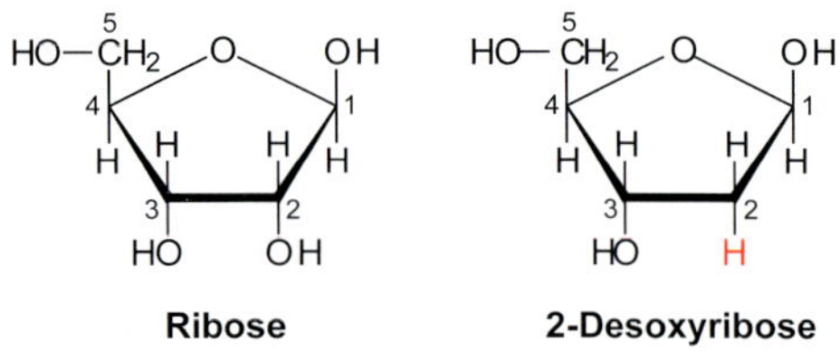

Abb. 17.3 Ribose und 2-Desoxyribose

LERNTIPP

- „Purine" haben einen kurzen Namen, aber ein großes Molekül. Bei den Pyrimidinen ist es umgekehrt.
- Zu den **Py**rimidinen gehören die Basen, die ein „**y**" im Namen tragen.
- **Th**ymin sieht aus wie Uracil, ist jedoch me**th**yliert.

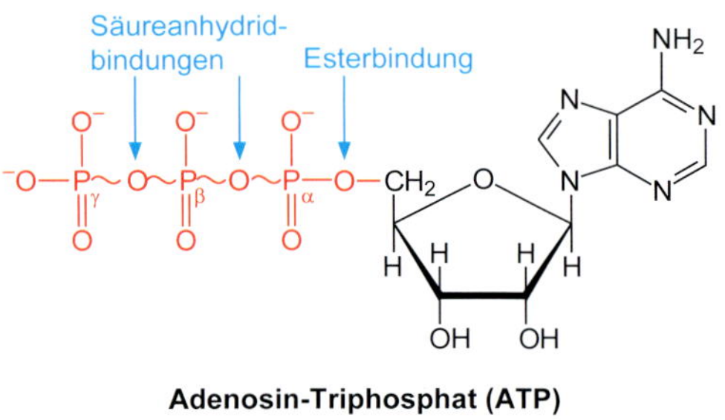

Abb. 17.4 ATP

17.2 Nukleoside und Nukleotide

Basen liegen nicht isoliert in unseren Zellkernen vor, sondern binden an Pentosen, also Zucker, die aus 5 C-Atomen bestehen. Dabei kommen zwei Zucker infrage: Einerseits die **Ribose,** andererseits die **2-Desoxyribose** (➤ Abb. 17.3).

Ihr wisst vielleicht, dass es in unserem Körper **RNA** (Ribonukleinsäure) und **DNA** (Desoxyribonukleinsäure) gibt. Beide Moleküle erfüllen unterschiedliche Funktionen, wobei die der DNA in erster Linie die Speicherung der Erbinformation ist. In der **R**NA binden, wie der Name schon sagt, die Basen an **R**ibose, wohingegen sie in der **D**NA an **Desoxyribose** binden.

Ein Molekül aus **Nukleinbase und Zucker** wird **Nukleosid** genannt. Da die Bindung von der Base zum Zucker über ein Stickstoffatom vermittelt wird, bezeichnet man sie als **N-glykosidisch.** Außerdem tragen die Nukleoside andere Namen als die Basen, wobei diese aber glücklicherweise eng miteinander verwandt sind: **Adenosin, Guanosin, Cytidin, Thymidin** und **Uridin.**

FÜR DIE KLAUSUR

Die Basen Adenin, Guanin und Cytosin kommen in RNA und DNA vor. Dagegen findet sich Uracil nur in der RNA, während Thymin nur in der DNA vorkommt.

Wie kommt aber nun der Name Nuklein**säure** zustande? Nukleoside binden auch noch Phosphate, also Anionen der **Phosphorsäure.** Die Bindung entsteht zwischen einer Hydroxygruppe des Zuckers und einer der Phosphorsäure – und wie man eine solche Bindung nennt, solltet ihr wissen: Es handelt sich um eine Esterbindung. Das entstehende Produkt wird **Nukleotid** genannt.

LERNTIPP

Nukleo**t**ide enthalten Phospha**t!**

An den Phosphatrest können weitere Phosphatreste geknüpft werden. Die Bindung zwischen diesen Phosphatresten ist dann natürlich keine Esterbindung, sondern eine **Säureanhydridbindung.** Schließlich haben hier zwei Säuren miteinander reagiert. Da diese Säureanhydridbindungen sehr energiereich sind, findet man sie in Stoffen, die Energie speichern sollen, wie dem **Adenosintriphosphat (ATP)** (➤ Abb. 17.4).

Ihr könnt euch den Namen eines Nukleotids herleiten, indem ihr an den Namen des Nukleosids „**monophosphat**", „**diphosphat**" oder „**triphosphat**" anhängt, je nachdem, wie viele Phosphate an den Zucker binden.

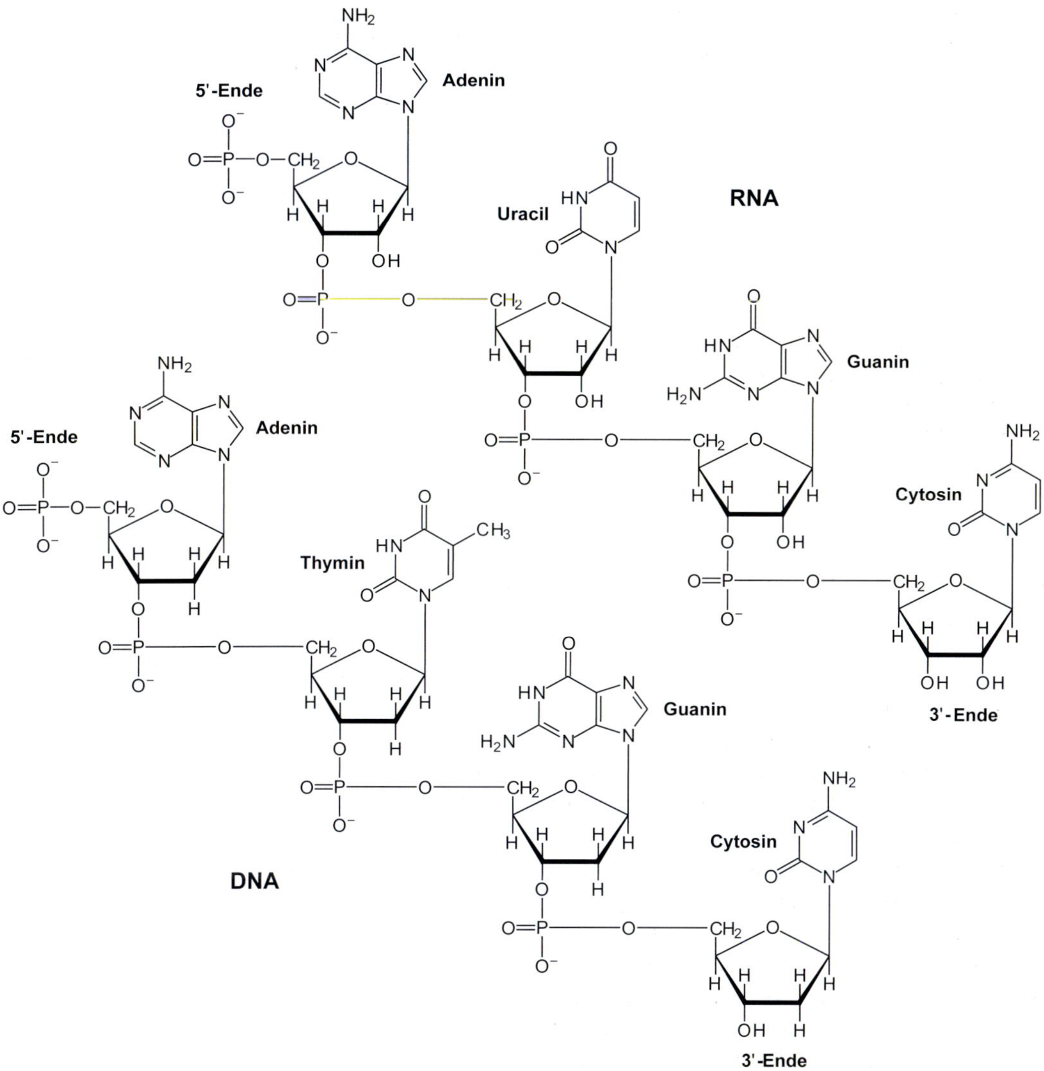

Abb. 17.5 RNA- und DNA-Strang

17.3 Nukleinsäureketten

Gleich haben wir es geschafft! In unserem Körper bilden Nukleotide lange Ketten. Diese werden durch ein **Zucker-Phosphat-Rückgrat** zusammengehalten. Dabei bindet jede Phosphatgruppe an zwei verschiedene Nukleoside: Bei einem Zucker an die OH-Gruppe des C3-Atoms, beim anderen an die OH-Gruppe des C5-Atoms (➤ Abb. 17.5)!

Da an jedem Ende der so entstandenen Kette entweder eine 3'-OH-Gruppe oder eine 5'-OH-Gruppe freibleiben muss, kann man auf diese Weise die Richtung der Kette (die auch Strang genannt wird) angeben, wie ihr das bereits von den Proteinen kennt.

Im Unterschied zur RNA bildet die DNA normalerweise Doppelstränge. Die Bindung zwischen zwei Strängen kommt dabei nicht über kovalente Bindungen, sondern über **Wasserstoffbrücken** zustande. Es ist sehr wichtig zu wissen, welche Basen miteinander paaren und wie viele Wasserstoffbrücken sie ausbilden.

Grundsätzlich paaren **Purin- mit Pyrimidinbasen.** Im Speziellen entstehen Wasserstoffbrückenbindungen zwischen:

- **Adenin und Thymin (2 Wasserstoffbrücken)**
- **Guanin und Cytosin (3 Wasserstoffbrücken)** (➤ Abb. 17.6)

LERNTIPP

Eine weit hergeholte, aber effektive Eselsbrücke:
G und C sehen fast gleich aus. Ein G ist quasi ein C mit einem kleinen Strich am unteren Ende. Folglich sind G und C verwandt ... und da Blut dicker als Wasser ist, bilden sie auch mehr Wasserstoffbrückenbindung aus, da die den Zusammenhalt stärken!

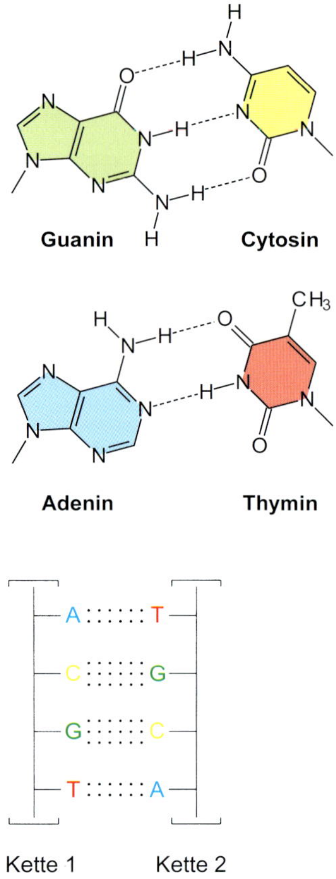

Abb. 17.6 Basenpaarungen in der DNA

17.4 Übungen

1. Welche Basen paaren sich in der DNA und wie viele Wasserstoffbrücken bilden sich zwischen ihnen aus?
2. Welche Aussage trifft nicht zu?
   a. Nukleoside bestehen aus Base, Zucker und Phosphat.
   b. In der DNA ist die Aminosäurensequenz der Proteine codiert.
   c. Nukleinbasen sind N-glykosidisch mit dem Zucker eines Nukleosids verknüpft.
   d. Nukleinbasen sind Derivate des Purins oder des Pyrimidins.
3. Zeichne die 4 wichtigen Basen der RNA.

KAPITEL

18 Lösungen

18.1 Grundlagen des Atombaus

1. c)
2. c)
3.

Symbol	$^{59}Co^{3+}$	$^{80}Se^{2-}$	$^{192}Os^{2+}$	$^{200}Hg^{2+}$
Protonenzahl	27	34	76	80
Neutronenzahl	32	46	116	120
Elektronenzahl	24	36	74	78
Ladung	3+	2–	2+	2+

18.2 Periodensystem und Orbitalmodell

1. Fr < Rb < K < Cl < F
2. Na > Mg > Al > P > F
3. $1s^2\ 2s^2\ 2p^5$
4. $1s^2\ 2s^2\ 2p^6\ 3s^2\ 3p^6$ = Argon
5. Das **Pauli-Prinzip** besagt, dass kein Elektron eines Atoms mit einem anderen in allen vier Quantenzahlen übereinstimmen kann.

18.3 Chemische Bindung

Metalle: Ja, Ja, Ja, Nein, Nein
Salze: Nein, Nein, Nein, Ja, Ja

1. AlF_3, CaO, $CuCl_2$
2. d)
3. e)
4. b)
5. c)
6. Weil das freie Elektronenpaar mehr Platz einnimmt als die bindenden Elektronenpaare

18.4 Intermolekulare Kräfte

1. a)
2. c)

18.5 Aggregatzustände und Teilchenbewegungen

1. 373 K
2. Sublimation,
3. c)

18.6 Stoffumwandlungen

1. e)
2. Ist $k > 1$, löst sich der Stoff in der Oberphase und umgekehrt.
3. d)
4. b)

18.7 Thermodynamik

1. b)
2. $\Delta G = \Delta H - T \times \Delta S$
3. a)
4. Gibbs freie Energie strebt gegen 0, je mehr sich die Reaktion dem Gleichgewichtszustand nähert.

18.8 Kinetik

1. 8 Tage
2. b)
3. Die Reaktionsgeschwindigkeit ist entweder die Abnahme der Eduktkonzentration oder die Zunahme der Produktkonzentration pro Zeit.

18.9 Säuren und Basen

1. pH = 2,79
2. pH = 11,28
3. b)
4. pH = 4,75

18.10 Redoxreaktionen

1. +4, −2
2. +4, −2, −1
3. +7, −2
4. 0
5. +1, +1, −2
6. c)

18.11 Grundlagen der Organischen Chemie

1. falsch
2. falsch
3. richtig
4. richtig
5. falsch

18.12 Funktionelle Gruppen

1. Acetal + Wasser
2. Ether + Wasser
3. Imin + Wasser
4. Säureanhydrid + Wasser
5. falsch
6. richtig
7. richtig

18.13 Stereochemie

1. b)
2. richtig
3. falsch
4. richtig

18.14 Lipide

1. falsch
2. richtig
3. falsch
4. richtig
5. falsch
6. richtig

18.15 Aminosäuren, Peptide und Proteine

1. d)
2. Phenylalanin, Isoleucin, Tryptophan, Methionin, Leucin, Valin, Lysin und Threonin

4. 9,74

18.16 Kohlenhydrate

1. Zellulose aktiviert als Ballaststoff die Darmperistaltik
2. Maltose besteht aus zwei Glucose-Einheiten
3. c)

18.17 Nukleinsäuren

1. A paart mit T (2 Wasserstoffbrücken); G paart mit C (3 Wasserstoffbrücken)
2. a)
3. Adenin, Guanin, Cytosin und Uracil – die Formeln findet ihr im Kapitel.